SUIDAO JI DIXIA GONGCHENG
ANQUAN ZHILIANG GUANLI TIZHI ZENGXIAO
XIN JISHU

隧道及地下工程
安全质量管理提质增效
新技术

韩占波　张迎旭　等　编著

人民交通出版社股份有限公司
北　京

内 容 提 要

本书基于行业发展趋势及工程实践，系统总结了隧道及地下工程安全质量管理的提质增效新技术，共分为安全、质量及工效、环保三篇，内容涵盖了安全防护、起重吊装、临时用电、安全预警、隧道施工质量、注浆加固质量、质量通病防治等技术成果。每项成果包括适用范围、成果简介、具体做法、使用效果、改进方向5个部分。

本书文字简练、图文配合，对一些复杂的成果辅以视频讲解（扫二维码观看），可操作性强，对于推动安全质量方面的惯性问题和质量通病的有效解决，实现提质增效具有较强指导示范意义。本书可供从事隧道及地下工程安全质量管理人员参考，也可作为相关技术人员的培训参考用书。

图书在版编目（CIP）数据

隧道及地下工程安全质量管理提质增效新技术 / 韩占波，张迎旭编著. — 北京：人民交通出版社股份有限公司，2024.2

ISBN 978-7-114-19313-2

Ⅰ.①隧… Ⅱ.①韩…②张… Ⅲ.①隧道工程—安全管理—质量管理②地下工程—安全管理—质量管理 Ⅳ.①U458②TU94

中国国家版本馆CIP数据核字（2023）第250872号

Suidao ji Dixia Gongcheng Anquan Zhiliang Guanli Tizhi Zengxiao Xin Jishu

书　　名：隧道及地下工程安全质量管理提质增效新技术
著 作 者：韩占波　张迎旭　等
责任编辑：谢海龙　刘国坤
责任校对：孙国靖　宋佳时
责任印制：刘高彤
出版发行：人民交通出版社股份有限公司
地　　址：（100011）北京市朝阳区安定门外外馆斜街3号
网　　址：http://www.ccpcl.com.cn
销售电话：（010）59757973
总 经 销：人民交通出版社股份有限公司发行部
经　　销：各地新华书店
印　　刷：北京建宏印刷有限公司
开　　本：787×1092　1/16
印　　张：16.5
字　　数：339千
版　　次：2024年2月　第1版
印　　次：2024年2月　第1次印刷
书　　号：ISBN 978-7-114-19313-2
定　　价：68.00元
（有印刷、装订质量问题的图书，由本公司负责调换）

PREFACE 前言

近年来，我国工程建设领域发展日新月异，取得了举世瞩目的成就。在高速发展过程中，安全质量问题日益凸显。为深入贯彻落实党中央关于加快安全生产领域改革发展的工作部署，坚持“安全第一，预防为主”的基本方针，树立“以人民为中心”的发展思想，激发全员管理效能和创新动能，着力解决现场安全质量管理的难点痛点，中铁隧道局集团有限公司开展了“消灭一项惯性问题、打造一个创新亮点”的安全质量管理提升专项活动，该活动以管理创新、小改小革、QC攻关等方式，秉持“小、活、实、新”的推进原则，以破解安全质量管理瓶颈难题为导向，致力于“有效化解安全风险、筑牢安全防线、实现安全生产管理水平持续提升”，最终达到本质安全。

依托专项活动成果，并结合其在安全防护、起重吊装、临时用电、安全预警、隧道施工质量、注浆加固质量、质量通病防治、项目成本工效、环保文明施工等方面的应用成效，作者遴选、凝练其中的先进理念与实用举措，详细解析消灭问题、提升质量、提高效能的具体做法。各项技术成果简洁明了、通俗易懂，具有较强的操作性和指导性。

积跬步，方能至千里。隧道及地下工程建设的安全质量管理任重而道远，希望本书所做的点滴积累，能为广大同行提供有益的参考和借鉴。因时间、篇幅及作者水平所限，书中难免存在不当之处，恳请读者批评指正，我们将虚心接受，在此表示感谢。

作　者

2023年12月

CONTENTS 目录

第1篇 | 安全篇

注：*代表本节内容有二维码，后同。

第 2 篇 | 质量及工效篇

第3篇 | 环保篇

第 1 篇

安全篇

第1章

安全防护类

1.1　塔式起重机司机上、下操作室防坠管理

1.1.1　适用范围

适用于塔式起重机司机上、下操作室过程。

1.1.2　成果简介

常规方法：在施工工地塔式起重机安装完成后，塔式起重机司机上、下操作室分两种情况：一种为操作司机身背安全带直接徒手攀爬爬梯，安全防护措施形同虚设，起不到任何保护作用；另一种为操作人员使用安全带上、下操作室时一步一挂，过程繁琐复杂，且摘挂安全带挂钩时存在无防护空隙操作，稍有不慎便有高空坠落的风险（图 1.1-1）。

图 1.1-1　塔式起重机司机常规上、下操作室方式

新方法：将防坠器安装于塔身标准节最顶端，塔式起重机司机上、下操作室时系好安全带，并将安全扣系在防坠器上，正常上下时，防坠器安全绳自由伸缩，塔式起重机司机无需频繁更换安全带挂钩，发生意外时，防坠器根据速差自控器自动锁死，防止人员高空坠落。

1.1.3　具体做法

防坠器根据物体在下坠时产生的速度差来自行控制，当发生意外的情况时，安全绳被拉出的速度会明显加快，防坠器内锁止装置将会自动锁止，当负荷解除时，自动恢复工作。

（1）根据塔式起重机安装的最高高度购置相匹配的防坠器，以防塔式起重机加高后防坠器安全绳长度不足。

（2）将防坠器安装固定在塔式起重机标准节顶部爬梯正上方，安全绳拉到塔式起重机底部，司机爬上操作室时系好安全带，将安全带挂钩挂到防坠器安全绳上，向上攀爬时安全绳自动收缩。离开操作室爬下塔式起重机时同样系好安全带，将安全带挂到防坠器安全绳上，到达地面后将防坠器安全绳固定好（否则安全绳会被自动收缩到防坠器内）。防坠器现场安装使用及其结构分别见图 1.1-2、图 1.1-3。

图 1.1-2 防坠器现场安装

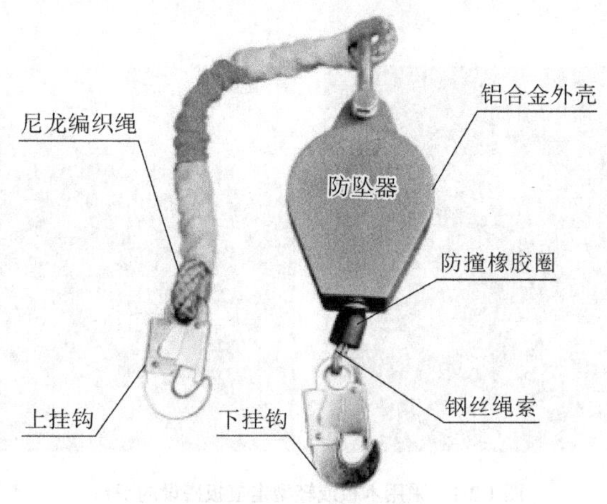

图 1.1-3 防坠器结构

1.1.4 使用效果

每座塔式起重机配备一副防坠器，每副防坠器购买价格在 600 元左右，无其他额外投入，司机上下过程不再需要频繁摘挂安全绳或无防护违章操作，消除了司机上下攀爬塔式起重机坠落的安全风险。

1.1.5 改进方向

（1）将防坠器上端尼龙编织绳更改为钢丝绳结构，司机在发生意外后更有效提高防坠器自身承重的安全性能。

（2）应在塔式起重机塔身上方专门设置（焊接）一个或多个防坠器上挂钩挂耳。

（3）增加维保人员检修塔式起重机时所需的防坠器。

1.2　竖井高处作业防护内衬墙作业台架

1.2.1　适用范围

适用于竖井内衬墙或车站侧墙施工高处作业防护。

1.2.2　成果简介

常规方法：当基坑开挖至每层设计高度后，即开始内衬墙各项工序施工。通常内衬施工高处作业防护采用铺设木板、轻型走道板或简易门字架等平台作业，外侧无任何防护措施，仅靠一根安全带保证作业人员安全。人员上下无专用通道，只能攀爬插筋上下（图 1.2-1）。

图 1.2-1　采用木板或轻型走道板搭设的平台

新方法：采用“竖井高处作业防护内衬墙作业台架”（图 1.2-2），有以下优点：形状及材料整体稳定性好，吊放方便，也不易发生变形，台架操作平台上可适当放置工具和材料；底座与地基接触面大，稳定可靠；操作台架配备上下楼梯，上下安全方便；操作平台采用薄花纹钢板，不会发生高处落物隐患；四周采用钢丝网防护和作业人员系安全绳，安全系数高；台架加工完成，可外喷警示漆，外观漂亮，提高文明施工标准。

图 1.2-2　竖井高处作业防护内衬墙作业台架

1.2.3　具体做法

安全防护操作平台是以HW100×100H型钢为支撑底座、以50mm×50mm方钢为主要骨架、以钢丝网为周边防护以及以薄花纹钢板为操作平台的设计方法，骨架的节点采用M12螺栓或满焊焊接连接。操作平台总高度（含防护栏杆）3.9m，分两层操作层，操作层距离基准面的高度分别为1.1m、2.9m，操作层平台宽度1.1m，平台支撑底座宽度2.8m。安全防护操作平台正立面图和侧视图见图1.2-3、图1.2-4。

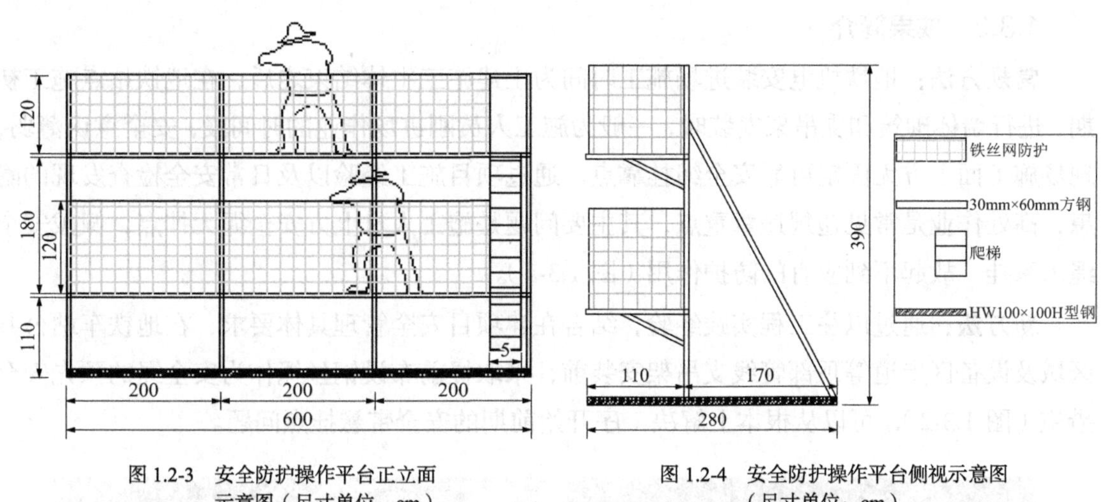

图1.2-3　安全防护操作平台正立面示意图（尺寸单位：cm）

图1.2-4　安全防护操作平台侧视示意图（尺寸单位：cm）

1.2.4　使用效果

每套作业台架由项目工程部进行技术交底和提交材料计划，项目内部班组加工制造，主要为材料及人工费用，无其他额外投入。

以15层内衬墙竖井为例，作业台架整体吊放，作业平台防护到位，以加强高处作业本质安全为出发点，节省了作业人员繁重的拆装时间，降低了作业风险。在安全防护得到提高的情况下，每层作业时间节约了2～3天，每个竖井的工期可节约1～2个月。

1.2.5　改进方向

（1）拆装便捷化

目前作业台架采用型钢焊接和方钢管连接，不便于拆装。可使用履带式起重机或汽车式起重机进行移动或人工挪移，采用M12螺栓连接，减少焊接点，以便于拆卸运输。

（2）便于水平移动

车站侧墙由于纵向施工长度较长，为便于水平移动，可以增加轮子，且轮子应具有锁死功能。

1.3 地铁车站设备安装期间安全绳挂点的设置

1.3.1 适用范围

为解决地铁车站顶部管线支吊架安装前高处作业无处悬挂安全带的问题，适用于地铁车站及类似工程高处作业。

1.3.2 成果简介

常规方法：地铁机电安装进场施工时间为土建施工主体结束之后，在地铁站点施工初期，进行墙体砌筑和支吊架安装时，一般为施工人员刚进场作业的时间段，安全意识薄弱，现场施工面上方无固定可靠安全绳挂靠点。通过项目施工经验以及日常安全检查发现的隐患，高处作业是常见违规违章重点，其主要问题是施工人员上方安全绳无挂点，佩戴安全绳未系挂，故起不到应有的防护作用（图 1.3-1）。

新方法：通过以往工程实践经验，结合在建项目安全管理具体要求，在地铁车站公共区域及设备区走道等顶部管线支吊架安装前，采取提前布设钢丝绳作为安全绳的预先安全措施（图 1.3-2），可以从根本上解决工序开始前期的安全带悬挂点问题。

图 1.3-1　传统安全绳系挂方式

图 1.3-2　站台层安全绳设置点

1.3.3 具体做法

高处作业无可靠安全带系挂点时，为防止作业人员高处坠落，需提前设置水平安全绳。

（1）钢丝绳选型

钢丝绳应选用直径不小于 12mm 的镀锌钢丝绳，安装使用前，应检查钢丝绳合格证和产品质量，无断丝、断股、灼伤、受腐蚀、严重变形等缺陷。

（2）钢丝绳的高度及位置

根据站厅层公共区的高度、使用的脚手架高度和作业人员平均作业高度来确定安全绳的高度，安全绳的高度宜高出脚手架 1.2m 左右，一是要满足安全带“高挂低用”的使用原则，二是要方便施工人员系靠，太高则不利于工人操作。

根据现场图纸中管线的布置和地面孔洞位置，选择钢丝绳的水平位置，避免钢丝绳与管线和地面孔洞冲突，造成钢丝绳频繁拆除或影响风管桥架的安装。

（3）水平安全绳端点锚固方式

端点锚固宜采用钢丝绳锁扣，锁扣（绳夹）数量不得少于 2 个，绳夹（图 1.3-3）间距为 6 至 7 倍的钢丝绳直径。绳夹滑鞍放在钢丝绳工作时受力的一侧，U 形螺栓扣在钢丝绳的尾端，不得正反交错设置绳夹。钢丝绳两侧使用花篮螺栓（图 1.3-4）钢丝绳索拉紧收紧器进行固定拉直。安全绳固定点采用机械锚栓，锚栓直径 10mm，经拉拔试验确定锚固参数，拉拔试验报告见图 1.3-5，固定件采用现场加工的角钢支架。

图 1.3-3　绳夹

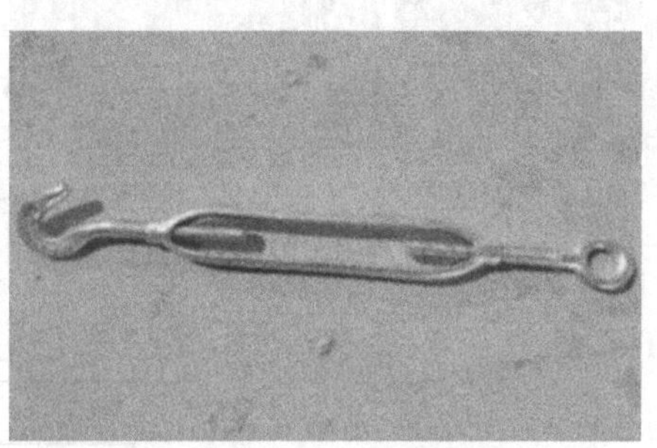

图 1.3-4　花篮螺栓

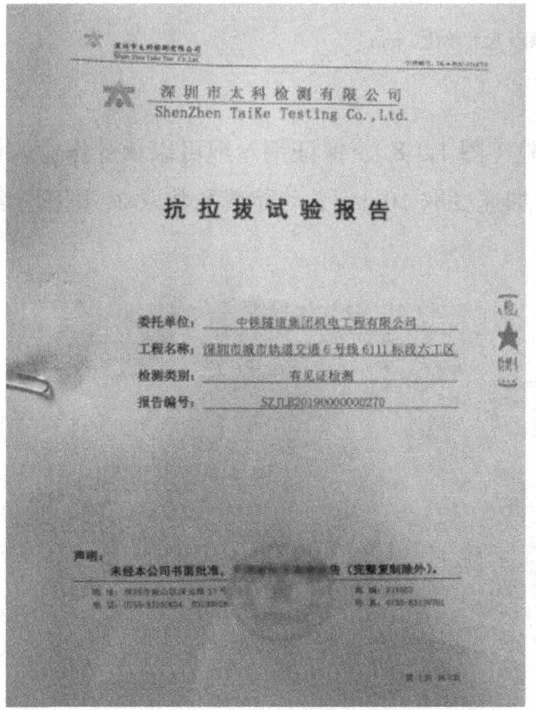

深圳市太科检测有限公司
ShenZhen TaiKe Testing Co., Ltd.

抗拉拔试验报告

委托单位：中铁隧道集团机电工程有限公司
工程名称：深圳市城市轨道交通6号线6111标段六工区
检测类别：有见证检测
报告编号：SZJLB20190000000270

声明：
未经本公司书面批准，[illegible]告（完整复制除外）。

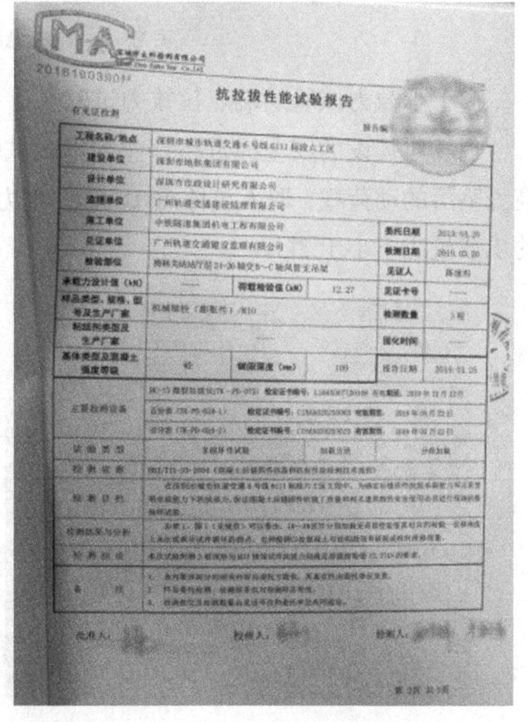

抗拉拔性能试验报告

工程名称/地点	深圳市城市轨道交通6号线6111标段六工区				
建设单位	[illegible]				
设计单位	[illegible]				
监理单位	广州轨道交通建设监理有限公司				
施工单位	中铁隧道集团机电工程有限公司				
见证单位	[illegible]			委托日期	[illegible]
检验部位	[illegible]			检测日期	[illegible]
承载力设计值（kN）	——	荷载检验值（kN）	12.27	见证人	[illegible]
样品类型、规格、型号及生产厂家	[illegible]			检测数量	[illegible]
粘结剂类型及生产厂家	——			固化时间	——
基体类型及混凝土强度等级	[illegible]	锚固深度（mm）	[illegible]	报告日期	[illegible]

图 1.3-5　拉拔试验报告

（4）跨度大的区域，水平安全绳中间固定方式

安全绳的最大跨距为12m，超过12m需增加固定点。每条安全绳连续搭设长度不超过100m，如果超过100m必须设置刚性节点（图1.3-6），以防安全绳下垂。安装示意见图1.3-7。

图1.3-6　安全绳中间刚性固定

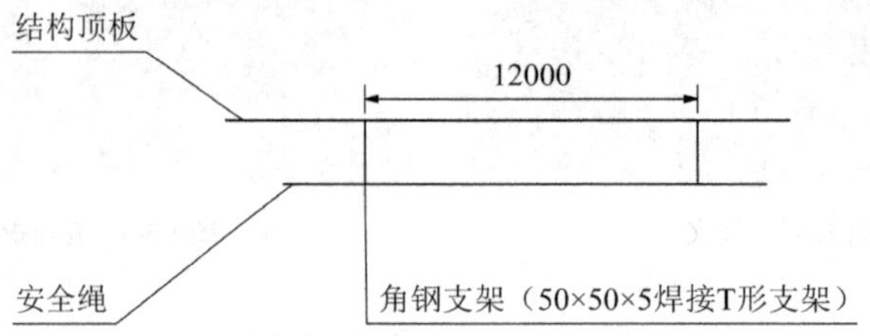

图1.3-7　安装示意图（尺寸单位：mm）

（5）承载力试验及端点拉拔力试验

现场对挂设的安全绳进行钢丝绳承载试验（图1.3-8），保证钢丝绳可以承受作业人员高处坠落的动荷载，取人员体重100kg，重力加速度取10m/s²，动荷载系数取2，则钢丝绳的承载量应不小于2kN。

图1.3-8　安全绳承载试验

试验所需材料见表 1.3-1。

表 1.3-1 试验所需材料

序号	材料名称	规格
1	镀锌钢丝绳	≥ ϕ12mm
2	钢丝绳卡	绳卡规格与钢丝绳配套
3	膨胀螺栓	M10
4	花篮螺栓	花篮螺栓的抗拉力大于钢丝绳承载力即可

1.3.4 使用效果

悬挂安全绳作为安全带悬挂点在部分工程的标准化图集中已有体现，使用效果很好，所用钢丝绳及配件可周转使用，使用成本较低。按照布设 100m 安全绳耗费材料 110mϕ12mm 钢丝绳（35 元/m）、M18 镀锌花篮螺栓 2 个（约 30 元/个）、绳卡 6 个（10 元/个）、M10 膨胀螺栓约 45 个（2.75 元/个）、50mm × 50mm × 5mm 角钢 8m（26.72 元/m），总共花费 3957.51 元，平均每米安全绳布设材料费需要花费约 40 元。经过现场实际安装统计，2 名熟练工人一天可安装安全绳 100m。每名施工人员按照 300 元/天计算，需要耗费人工成本 600 元。最终经测算每布设 1m 安全绳需要花费约 46 元。

高处作业作为机电设备安装及装修作业主要危险源之一，在地铁车站顶部各类管线安装作业工序开始前布设安全绳作为预先安全措施，可以从根本上解决高处作业时安全带的悬挂点问题。

1.3.5 改进方向

机电安装工程和装饰装修工程过程中，设备房间内管线施工和装饰施工也存在大量高处作业施工，但房间多、面积狭窄，钢丝绳设置困难，材料耗费多，增加小距离可拆卸式循环利用的安全绳装置成为下一步亟须改进的方向。

1.4 楼层预留洞口安全防护管理

1.4.1 适用范围

适用于楼层预留洞口防护，尤其适用于别墅户型中楼层预留洞口防护管理。

1.4.2 成果简介

常规方法：传统预留洞口防护采用人工搭设，需要使用钢管、扣件固定于墙体上（图 1.4-1），搭设的质量完全依赖工人经验，而且在施工过程中容易产生变形，在后续施工工序中需要拆除、维修或者转移时比较耗费人力，不可避免地增加了人工成本。

图 1.4-1 人工搭设防护

新方法：采用定型化防护栏杆（图 1.4-2），减少了繁琐的安装过程，利于后期的拆除和转移，并且防护的效果较钢管防护更具安全性。

图 1.4-2 定型化防护栏杆

1.4.3 具体做法

（1）放置定型化栏杆于需要防护的部位，将搭接部位使用螺栓进行固定。

（2）栏杆保证顺直后，将地面上的安装孔使用螺栓固定于地面。

（3）两端位置使用螺栓打入墙体中，固定于墙体上。

定型化防护栏杆应用效果见图 1.4-3。

图 1.4-3　定型化防护栏杆应用效果

1.4.4　使用效果

每套定型化防护栏杆设施，购买价格 19 元/m，无其他额外投入。

以某项目为例，购买定型化防护栏杆费用约为 161500 元，租赁钢管扣件及人工费用约为 225000 元，平均可节约资金 6 万～10万元（含钢管扣件折旧损耗费用、人工费用）。

1.4.5　改进方向

目前防护栏杆大多采取螺栓固定方式，需要固定于墙体或者楼层上，且固定式安全防护在施工过程中影响部分工序的施工，需要反复进行拆除与安装，操作不灵活，反复使用时耗费人力物力。

因此，可将固定式安全防护改为可调配式安全防护，固定方式采用卡扣式固定或者更加灵活的门闩式固定方式，方便后期拆装和移动。

1.5　新型临边护栏

1.5.1　适用范围

适用于基坑等高处临边安全防护。

1.5.2　成果简介

常规临边护栏（图 1.5-1）：目前市面上护栏规格型号不统一，且质量较差、损耗率较高，不利于周转。且在拆除时易损坏，针对工地上临时拆除时耽误时间，速度慢，影响现场施工进度。

图 1.5-1　常规临边护栏

新型临边护栏（图 1.5-2）：采用新型临边护栏，安拆便捷高效，比常规护栏更加标准化，立柱与底座可快速安拆，护栏与立柱之间仅采用上部左右两颗螺栓连接，下部采用托槽，损坏部位可及时更换。可以只拆除立柱及护栏，不需拆除膨胀螺栓，立柱在使用过程中结实牢靠，能有效确保基坑临边安全。

图 1.5-2　新型临边护栏

1.5.3　具体做法

（1）立柱与护栏框架分别采用 80mm × 80mm、40mm × 40mm 镀锌方管焊接，极大增强护栏强度，使护栏在使用过程中更加可靠，提高护栏周转率。

（2）膨胀螺栓固定底座，立柱与底座采用插拔式连接，下方预留螺栓孔紧固，可自由调节护栏高度及固定护栏与底座，护栏安装施工便捷高效。

（3）护栏与立柱之间仅采用上部左右两颗螺栓连接，下部采用托槽，加快了护栏的安拆（图 1.5-3 和图 1.5-4）。

图 1.5-3 1.2m × 2m 护栏

图 1.5-4 0.9m × 2m 护栏

1.5.4 使用效果

0.9m × 2m 的基坑护栏成本 125 元/m；1.2m × 2m 的基坑护栏成本 155 元/m。价格略高于市面上常规护栏，但新型护栏由于用料优质，焊接规范，可以多次转运安拆，综合考虑能够更加节省成本。同时防护栏杆颜色、高度、规格统一，外观形象良好，提升企业形象。

1.6 防撞护栏钢筋定位架

1.6.1 适用范围

适用于桥梁混凝土防撞护栏钢筋定位安装。

1.6.2 成果简介

常规方法：为了保证现场防撞护栏钢筋安装线性和垂直度，通常需要 2 名工人配合吊线锤进行护栏钢筋的定位，首先根据测量放样点每 8～10m 安装 1 根护栏钢筋，然后通过已安装钢筋进行拉线定位，确定中间钢筋位置，接着通过拉线安装中间护栏钢筋（图 1.6-1）。施工过程中，由于处于高处临边作业，容易造成心理干扰，施工人员需要时刻关注搭档作业情况，往往由于配合不默契，造成施工人员心理压力大，导致护栏钢筋进度缓慢，并且难以保证钢筋安装质量。

图 1.6-1 防撞护栏钢筋安装

新方法：采用防撞护栏钢筋定位架施工，首先 1 名钢筋工对定位架初步就位，然后通过调整伸缩装置使定位架线锤与测量放样点重合，根据测量放样点每 2.5～5m 安装 1 根护栏钢筋，接着通过已安装好钢筋进行拉线确定中间钢筋位置，再通过拉线安装中间护栏钢筋（图 1.6-2）。该方法实现了防撞护栏钢筋快速定位安装，提高了钢筋安装速度，保证了防撞护栏钢筋安装线性和垂直度。

图 1.6-2 采用防撞护栏钢筋定位架施工

新方法和常规方法对比见表 1.6-1。

表 1.6-1 新方法和常规方法对比表

项目	新方法	常规方法
安全方面	防撞护栏属高空临边作业，使用钢筋定位架作业只需 1 人，无其他干扰，安全性提高	高空临边作业，使用吊线锤作业需要 2 人，施工过程中，易产生干扰，降低安全系数
人员方面	1 人配合钢筋定位架施工防撞护栏钢筋	2 人通过吊线锤定位防撞护栏钢筋
心理方面	高空临边作业，1 人负责一个区域，施工人员不用时刻关注背后，减少心理压力	高空临边作业，2 人配合施工，施工人员需要时刻关注搭档作业情况，尤其是背后走动情况，增加心理压力
进度方面	钢筋定位架作业，单侧每 40m 防撞护栏钢筋安装平均用时 510min	采用吊线锤作业，单侧每 40m 防撞护栏钢筋安装平均用时 400min

1.6.3 具体做法

根据防撞护栏钢筋高度加工立柱，立柱与悬挑钢筋高度及护栏钢筋高度一致，底座与立柱之间斜向设置伸缩装置，在悬挑钢筋上设置线锤，通过伸缩装置实现钢筋精准定位，使线锤与测量放样点重合，来确定钢筋安装位置，见图 1.6-3～图 1.6-5。

图 1.6-3 斜向伸缩装置精调

图 1.6-4 护栏钢筋定位

图 1.6-5

图 1.6-5 钢筋安装成型效果

1.6.4 使用效果

1 套防撞护栏钢筋定位架投入成本为 320 元（主要为购买定位架架体方管及花篮螺栓的投入），无其他额外投入，防撞护栏钢筋定位架投入汇总见表 1.6-2。

表 1.6-2 防撞护栏钢筋定位架投入汇总

投入材料	数量	价格（元）
6cm × 4cm 方管	232 个	87
花篮螺栓	1 个	45
直径 16mm 圆钢	96 个	8
人工焊接	1 人	180
合计		320

保证了防撞护栏钢筋安装线性和垂直度，提高了护栏钢筋安装速度（提前 15 天完工），同时降低了人工成本（钢筋工减少 1 人），节约成本投入 5.62万元。高空临边安装防撞护栏钢筋，1 人负责一个区域，施工人员无其他干扰，安全性得到提高，成本分析见表 1.6-3。

表 1.6-3 护栏钢筋定位架使用前后成本分析

成本对比	定位架（元）	人工（月工资 8000 元）		工期（d）		备注
		人数（人）	总工资（元）	实际工期	提前	
使用前		7	227736.18	122	15	工人工资约 266.67 元/d
使用后	320	6	171202.14	107		
使用前 – 使用后	227736.18 − 171202.14 − 320 = 56214.04（元）					

1.6.5 改进方向

对防撞护栏钢筋定位架安装行走装置，使工人移动定位架时更加节省体力，提高防撞护栏钢筋的施工效率。

1.7　脚手架架体内临时安全通道设置

1.7.1　适用范围

适用于城市地铁结构盘扣式脚手架体系，人员临时上下安全通道设置。

1.7.2　成果简介

常规方法：常规高大模板支撑体系安全通道使用钢管或者预制梯步搭设，结构施工过程中，需要根据进度情况频繁移动（图 1.7-1）。在深基坑结构施工时，场地有限的情况下，移动或者安装不便。

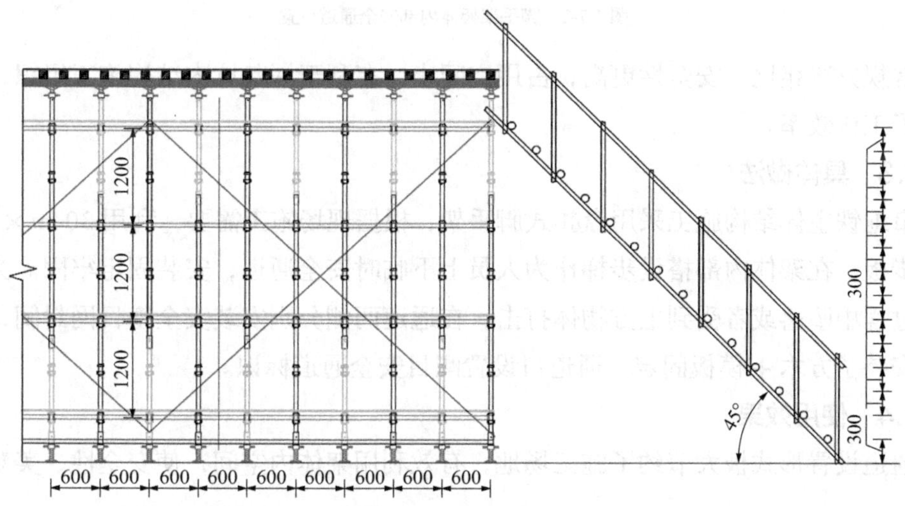

图 1.7-1　结构中（顶）板上下通道侧立面示意图（尺寸单位：mm）

新方法：在盘扣式脚手架架体内部，采用装配式踏步板搭设人员上下安全通道，并在通道顶部满铺方木＋模板固定，防止人员通行过程中发生物体打击伤害事故。通道两侧设置安全密目网，并悬挂醒目安全通道标识（图 1.7-2）。

图　1.7-2

图 1.7-2　脚手架架体内部安全通道设置

与常规方法相比，安全性更高，占用空间小，有利于深基坑内结构施工组织，极大程度提高了工作效率。

1.7.3　具体做法

城市地铁主体结构施工采用盘扣式脚手架，根据现场施工需要，利用 30cm × 60cm 装配式踏步板，在架体内部搭设步梯作为人员上下临时安全通道，安装固定牢固。为防止人员上下过程中坠落或者受到上方物体打击，在通道两侧分别安装安全密目网封闭，并在通道上方安装了方木 + 模板固定，通道口设置醒目安全通道标识。

1.7.4　使用效果

该通道设置形式极大节约了施工场地，有效利用架体内空间，使安全性、美观性均得到改善。

1.7.5　改进方向

现场使用的装配式踏步板、方木、模板等材料，虽然安装较方便，但是大量材料搬运不易，需要设备吊运。后续考虑使用轻便型材料，满足强度需求的同时，可人工搬运，有利于现场施工生产工作。

1.8　危险性较大设备增设急停按钮

1.8.1　适用范围

适用于施工现场各类电气设备，尤其是距离控制开关较远，发生险情无法第一时间切断电源的大型设备设施。

1.8.2　成果简介

常规方法：现场门式起重机、搅拌机等设备的开关箱一般距离设备存在一定间距，且设备集中区域开关箱多为集中设置，紧急情况下可能因为紧张或者不熟练导致找不到对应的配电箱，或因距离较远无法第一时间切断电源，错过抢险救援最佳时机。

新方法：通过在设备（或设备附着控制箱）上增设一处或多处紧急停止按钮，一旦发生险情按下急停按钮即可立即停止设备。

1.8.3　具体做法

在控制设备配电箱箱体上增设急停按钮，正常情况下，急停按钮处于常闭状态，当发生险情时拍打按钮即可切断电源，使设备停转（图 1.8-1）。

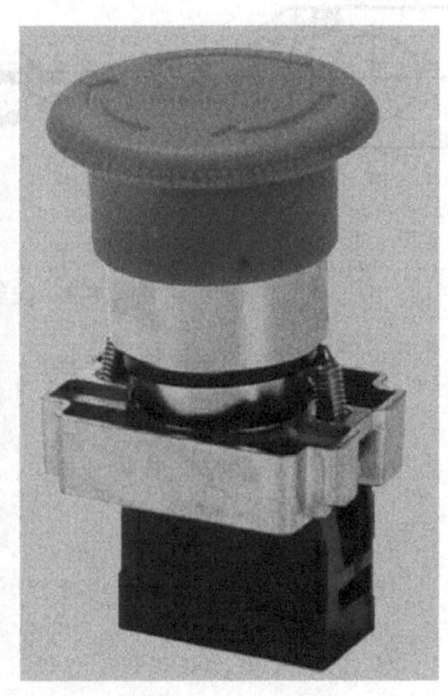

图 1.8-1　配电箱箱体以及急停按钮

1.8.4　使用效果

发生机械伤害事故时，现场作业人员可以立即按下急停按钮，无需通过开关箱断电，操作简单、动作迅速，安全性倍增。单个急停按钮成本约 30 元，投入小，推广价值高。

1.8.5　改进方向

除采用“拍打式急停按钮”，后续可针对施工现场设备使用实际情况选择急停按钮形式，例如盾构机连续皮带机上这些设备自身长度较长，若采用固定式“拍打式急停按钮”不利于实际操作，工人发生险情时需要寻找到周围急停按钮才能避险。这种情况可以改为

“拉绳式急停按钮”（图 1.8-2），沿设备铺设，确保工人在任何位置发现险情均能及时采取紧急制动，操作更加方便、贴合实际（图 1.8-3）。

图 1.8-2　拉绳式急停按钮在设备上铺设使用

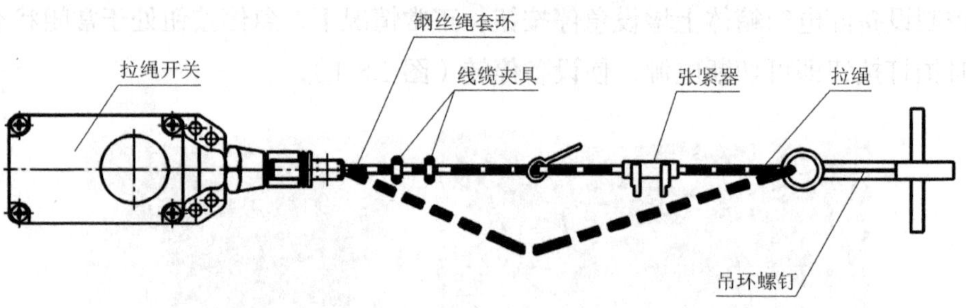

图 1.8-3　拉绳式急停按钮工作原理图

1.9 隧道作业台架消防自救系统

1.9.1 适用范围

适用于施工现场防水板台架，尤其是二次衬砌及防水板台架作业区域亦存在焊接、气割等动火作业，防水板、土工布等易燃材料较多的施工部位。

1.9.2 成果简介

常规方法：在台架每层作业平台设置灭火器，若发生火灾由现场作业人员，采用手提式灭火器进行灭火，鉴于灭火器的容量和重量限制，无法保证快速有效地将火源扑灭。

新方法：高压消防系统整体随着隧道施工向前推进，可快速且持续地开展灭火工作，极大地增强了火灾应急处置能力，有效提高火灾扑救效率。微型消防站放置于隧道内防水板台架处，不易损坏且便于取用。

1.9.3 具体做法

（1）高压消防系统

在防水板台架下方边墙高压水管上预留高压水管接口，考虑到台架需要持续向前推进，现场采用快速接头对防水板台架消防水管与边墙高压水管进行连接，当防水板、土工布发生火灾时，打开防水板台架上高压水管各点预留阀门，即可开展火灾扑救工作。

步骤1：连接边墙高压水管（图1.9-1）。

步骤2：作业人员打开防水板台架上高压水管开关（图1.9-2），即可用水进行灭火工作，水流喷射长度可达8m左右，该系统操作简单、快速有效、运行稳定、安全可靠。

图1.9-1 连接边墙高压水管

图1.9-2 打开防水板台架上高压水管开关

（2）微型消防站

在防水板台架尾部爬梯处设置微型消防站，发生火灾时，可就近打开柜门拿取消防应急物资（包括正压式空气呼吸器、过滤式消防自救呼吸器、灭火毯、灭火器、强光手电、对讲机、消防水带及接口等应急物资）后投入灭火救援工作或迅速撤离（图1.9-3）。

图 1.9-3　微型消防站

1.9.4　使用效果

作业台架消防系统的应用，增加了作业台架灭火方式，大大降低了现场火灾事故进一步扩大的趋势。此消防自救系统包含高压消防水管 1 套（2500 元）、微型消防站 1 座（1400 元）、正压式空气呼吸器 4 个（2400 元）、过滤式消防自救呼吸器 10 个（500 元）、强光手电、灭火毯、对讲机及相关消防器材若干，总价在 9000 元左右。成本较低，提高了火灾事故应急处置能力，保障了施工人员生命及企业财产安全。

第2章

起重吊装安全类

2.1 管节从翻身至下井掘进一次性快速定位

2.1.1 适用范围

适用于各类大型预制构件的翻身吊装。

2.1.2 成果简介

常规方法：目前国内（除本项目外）最大断面矩形顶管机外尺寸为 10.1m × 7.3m，重量在 80t 左右，常规尺寸多采用电机翻转轴翻转管节，人工指挥吊装下井安装管节方式，此吊装方法需经历固定管节、水平吊运翻身场地、更换翻身吊具进行翻身、更换垂直吊具准备下井、人工指挥吊装等环节。管节翻身吊装时间过长，使得掌子面坍塌风险增大，管节吨位大时，管节翻转安全性得不到保障，吊装下井过程过于依赖门式起重机司机水平，易安装偏位，管节发生扭转导致无法拼装，存在较大局限性。

新方法：采用配合翻身架、自动定位装置的新管节翻身方法将省去更换翻身吊具、安装垂直吊具、人工指挥时间。单环管节从转运至翻身下井安装过程至少节约 1h，可以有效确保顶管工序连续性，减少拼装时间，避免掌子面长时间无支护坍塌的风险；使用翻身架翻身，将吊具与管节有效地结合成一个整体，翻身过程中，避免局部应力集中造成管节破损；使用自动定位装置，自动化程度高，可以将管节下井自动定位安装，降低人为操作失误的可能性，提高精确度。管节吊装下井设备各部分组成见图 2.1-1。

图 2.1-1 管节吊装下井设备各部分组成

①-水平吊具；②-顶管管节；③-右翻转架；④-左翻转架；⑤-支撑架；⑥-垂直吊具；⑦-翻转销轴；⑧-固定销轴；⑨-铆钉；⑩-200t 门式起重机

2.1.3 成果原理

1）管节翻身

利用门式起重机与管节垂直、水平吊具、翻身架将预制成型的管节从水平状态翻转至垂直状态进行下井拼装。

（1）管节与竖直吊具连接：通过承重销将竖直吊具与管节的左右两侧的销孔连接，完成竖直吊具与管节的固定。

（2）管节与水平吊具连接：起吊系统上安装水平吊具，并带动水平吊具运动至管节上方，水平吊具通过承重销与管节上下两侧的销孔连接，完成水平吊具与管节的固定。

（3）管节水平吊运、转运：启动起吊系统，将管节和与管节连接的竖直吊具水平吊运至翻转架上方。

（4）管节放置在翻转架上：起吊系统下放管节，使竖直吊具平稳放置在翻转架上，管节的上部端面水平朝上放置，竖直吊具能相对翻转架转动。

（5）管节翻身：将起吊系统上的水平吊具拆除后，与竖直吊具连接，竖直吊具带动管节绕与翻转架的铰接点翻转，使管节的下部端面水平朝上放置。

（6）管节竖直吊运：起吊系统竖直吊起竖直吊具，竖直吊具将管节竖直提起并吊运至井下，完成管节的吊运。

管节翻身工序见表2.1-1，现场照片见图2.1-2～图2.1-5。

表2.1-1 管节翻身工序

翻身顺序	示意图	工序
①	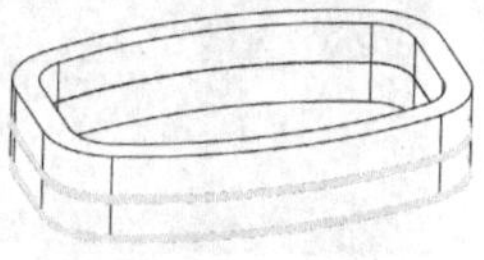	管节堆放，钢环朝下，底部加垫工装
②	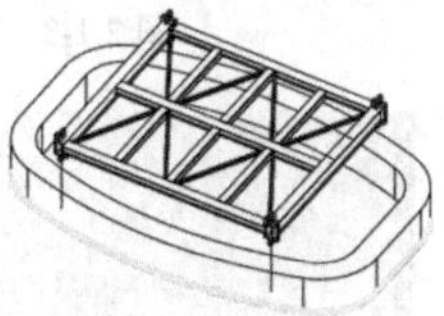	水平吊具吊装，用钢丝绳和卸扣连接吊装销和吊耳
③	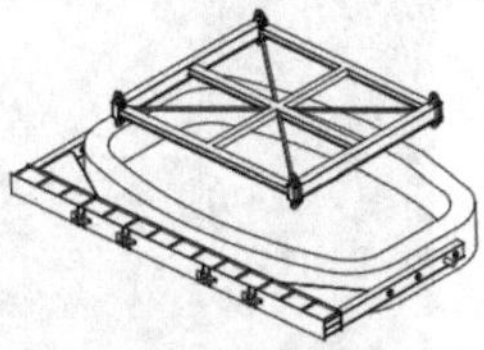	到达垂直吊具位置，安装销钉，将垂直吊具和管节连接，整体起吊
④	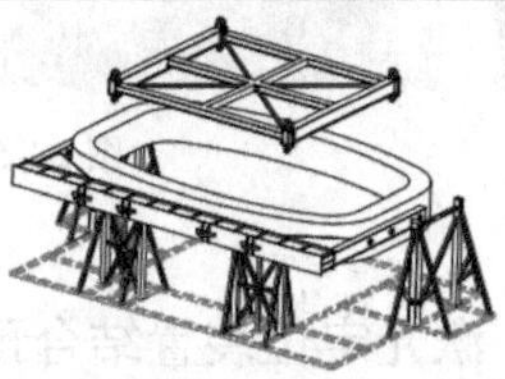	整体放置于翻转架上，水平吊具离开

续上表

翻身顺序	示意图	工序
⑤		安装止水密封，涂蜡，安装木垫板等
⑥		翻转 90°，立起
⑦		起吊下井拼装

图 2.1-2　翻身架安装定位

图 2.1-3　水平吊具转运管节

图 2.1-4　管节翻身

图 2.1-5　管节下井

2）自动定位

利用预装在门式起重机上的限位装置、激光定位装置结合预制场地达到管节翻转完毕后，将管节自动吊装至管节安装位置。

（1）本项目线路为直线，北侧线路中心线为总体中心线向北偏移 8m。在翻身架安装前，测量组根据线路中心放出翻身架位置，使得翻身架与顶管北线线路中心重合，见图 2.1-6。

图 2.1-6 翻转架安装于线路中心线

（2）在门式起重机大车上安装限位装置，200t 门式起重机吊装管节下井时，开启限位装置，当大车行驶到限位点时，门式起重机警示铃响起，门式起重机自动停止，管节停止水平运输。

（3）在门式起重机小车安装激光定位发射装置，始发台上安装激光定位接收装置，发射装置触发接收装置后，小车将停止移动。大车限位触发后，微调小车，将进行精准定位，使得两个小车分别触发接收定位装置。门式起重机小车缓缓下钩，下降至距离始发台 15cm，停止下降，再次使用定位装置精准调整，然后下放管节至安装位置，见图 2.1-7、图 2.1-8。

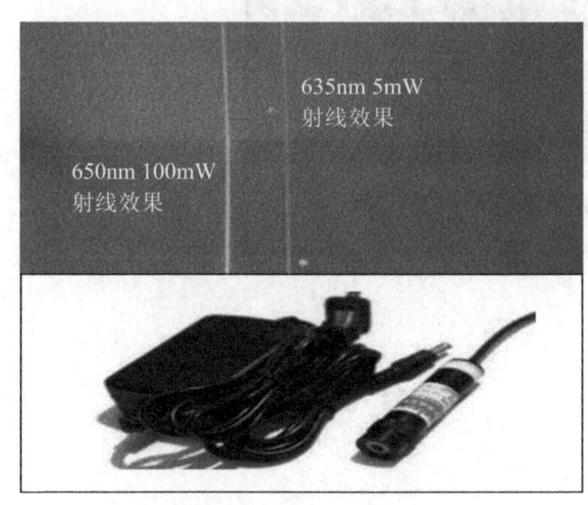

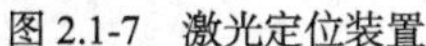

图 2.1-7 激光定位装置

图 2.1-8 管节自动精准下井安装

2.1.4 使用效果

管节翻身架共投入 25万元，管节水平、垂直吊具投入 14万元，为自主研发必须投入的设备，自动定位、限位装置共投入 5000 元，无其他额外投入。

超大断面顶管隧道于 6 月 18 日始发，顶管隧道于 10 月 21 日实现双线贯通。最快实现 4 环/天的拼装量，方案实施前管节翻身下井预计时长 3.2h，本方案管节翻身下井时间超过 1.5h 为 3 次，平均时长缩短 1.5h，大大减少了拼装停机时长，降低了掌子面失稳的可能性。以嘉兴环线项目为例，通过翻身架的成果实施利用，使得顶管顶级工艺更加衔接，原设计计划平均工期为 1 环/天，通过工艺创新，加快了实施进程，顶管隧道施工工期缩短了 68 天，顶管施工人员 24 人，工费 200 元/(人 · 天)，节约工费：200 元/(人 · 天) × 68 天 × 24 人 × 2 = 652800 元，有效提高了工效。

本项目成果可以直接应用于类似超大断面隧道工程的设计与施工。

2.1.5 改进方向

目前从吊装至下井采用激光定位装置，人工控制是不可或缺的部分，不够智能化、一体化，把门式起重机一起纳入顶管主控室可编程逻辑控制器（PLC）的控制系统成为一个改进方向（图 2.1-9）。

将门式起重机的几个动作编程为主控室的几个控制按钮，将门式起重机吊起管节后，安装固定动作程序运输至翻身架，为管节运输过程一等，按照运输过程 7 个步骤，编制固定程序，分别由 7 个按键控制，形成顶管主控室一体化控制。

图 2.1-9 将门式起重机人工操控改为主控室控制

2.2　消除门式起重机垂直运输吊装视野盲区方法

2.2.1　适用范围

适用于门式起重机垂直运输吊装作业。

2.2.2　成果简介

常规方法：门式起重机垂直运输作业时，操作人员无法观察到下方的具体情况（图 2.2-1），仅能通过与司索工使用对讲机沟通掌握信息继而进行下步操作，工作效率低，且受信息传递及时性、全面性等限制大，安全风险高。夜晚施工时，现场照明条件有限，起重机司机与司索工无法目视判断钢丝绳与导轮的使用状态，出现异常无法及时预警。

图 2.2-1　操作人员无法观察下方具体情况

新方法：针对吊装视野盲区，在门式起重机小车下方安装垂直视角的高清摄像头，显示器设置于操作室，使起重机司机可以实时观测到吊装过程及吊装作业时钢丝绳及吊钩姿态（图 2.2-2）。

图 2.2-2　设置高清摄像头和显示器

2.2.3 具体做法

（1）针对吊装视野盲区，在门式起重机小车下方安装垂直视角的高清摄像头，显示器设置于操作室。

（2）安装完成后操作人员根据视频画面反馈信息进行规范吊装作业。

（3）项目设备部定期对监控设备进行检查，在例行巡查中可根据视频影像资料判断日常吊装作业是否规范。

2.2.4 使用效果

自配备视频监控系统后，吊装效率、操作精准性显著提升，且操作规范性大幅度提升，违规吊装现象完全杜绝，效果良好。

（1）安全效益：起重机司机吊装全过程可观察吊装区域下方情况，结合信号工指挥，可准确控制吊物，避免吊物下放偏位发生碰撞等；同时可直接观察钢丝绳、导轮等，发现异常可及时处理，消除事故隐患，提升安全保障系数。

（2）成本效益：项目购置摄像头 2 个、显示屏 1 台、视频信息储存设备 1 台，总计投入约 4000 元，实现吊装作业安全受控。从安全大成本方面考虑，相对发生伤亡事故造成的经济损失，极大地节约了安全成本。

2.2.5 改进方向

考虑到目前影像设备不带夜视功能，夜晚吊装作业时仍依靠现场照明灯具辅助配合使用，且不含有声音传送功能，与司索工沟通仍靠对讲机，下步考虑增加司索工视角夜视摄像头一枚，并增设声音信号传播功能（图 2.2-3），从而实现设备功能多元化。

图 2.2-3 增设声音信号传播功能

2.3　吊装区域连锁装置

2.3.1　适用范围

适用于盾构施工竖井井下吊装区域，吊装作业时作业区域封闭并有语音警示，限制施工人员通过吊装区，提醒通过人员做好避让。

2.3.2　成果简介

常规方法：竖井上下部均安排有信号工，吊装时上下信号工通过对讲机联络，然后疏散及提醒下部作业人员及通行吊装区人员避让，人工关闭吊装区域通行门，完全依赖信号指挥人员人工控制。部分施工人员抱有侥幸心理，往往不听从信号指挥人员警示及制止，冒险通过吊装区域，使得存在较大安全风险。

新方法：采用一套吊装区域连锁装置，可在门式起重机进入竖井范围时对井下吊装区域进行语音警示，同时通过吊装区的 2 道门与井上门式起重机行走区域电气设备连接会自动关闭，限制人员通行，对正在通过吊装区域人员，采用手动模式可打开通行门，然后通行门继续自动关闭，从而确保吊装区域完全封闭。

2.3.3　具体做法

安装红外感应装置，通过信号传输控制吊装区域通行门关闭，从而实现上下连锁。

（1）门式起重机上设置一个电气控制箱，内部安装无线开关量收发器，横梁内侧安装红外感应器，在竖井的前后 4m 位置安装感应物件（采用铁制器材即可），门式起重机进入或离开竖井区域时，红外感应器传输信号至无线开关量收发器，将信号传输至井下控制箱（图 2.3-1、图 2.3-2）。

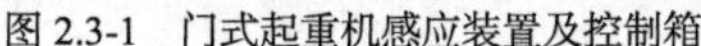

图 2.3-1　门式起重机感应装置及控制箱

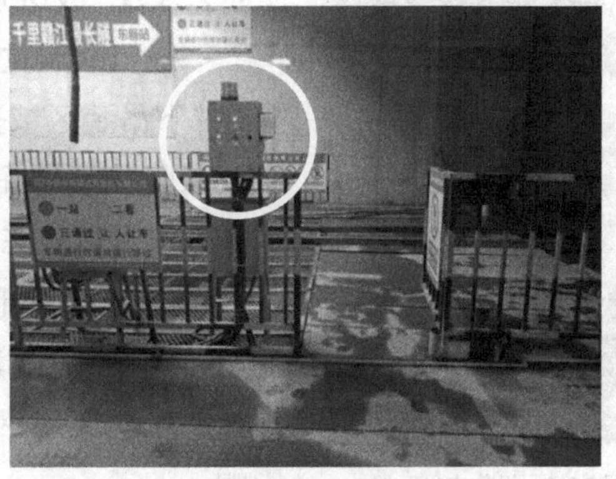

图 2.3-2　井下控制箱及报警器

（2）竖井下部吊装区域采用护栏封闭，进出隧道部位及离开吊装区位置设置 2 道通行门，2 道门采用电气控制自动开闭。井下吊装区护栏部位设置一个电气控制箱，内部安装无线开关量收发器及相关电气设备。控制箱上部安装有高分贝语音警示器。

（3）门式起重机进入距离吊装井 4m 时，井下接收到红外感应器信号，此时井下声光报警器开始报警，语音提醒“正在吊装，禁止通行”，井下吊装位置两个安全门延时 5s 自动关闭。外部人员禁止通行，吊装区域内人员撤离至安全停留区（图 2.3-3、图 2.3-4）。

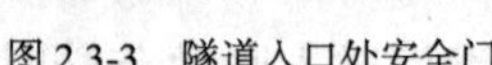
图 2.3-3　隧道入口处安全门

图 2.3-4　井下吊装区

（4）吊装工作结束后，门式起重机离开井口区域，再次通过红外感应区域后，安全通行门自动开启，允许人员通过。

（5）紧急情况需要开启或关闭通行门时，可通过手动长按开/关门按钮，强制开启/关闭安全门。

2.3.4　使用效果

该套装置主要投入为电气部件及设备，可自行安装调试，零部件及人工费投入合计 1.7万元/台，无其他额外投入。

该套装置应用，对吊装区域进行强制性封闭及警示，提醒指挥人员及其他作业人员避让，确保吊装过程中吊装区域无人员通行及滞留，保证整个吊装过程安全可控。

图 2.3-5　操作室显示器

2.3.5　改进方向

一般门式起重机在地铁车站竖井吊装时分为左右线 2 个井口，井下吊装区域基本处于门式起重机司机盲区，目前该套装置主要以竖井下指挥人员监管控制，操作人员不能直接观察井下区域作业人员状态。

可在竖井下部安装监控设备，门式起重机操作室安装监控显示器（图 2.3-5），操作人员能实时监控竖井下部人员状态。摄像头采用无线网桥替代有线传输，确保不受门式起重机行走影响。

2.4　起重吊装无线视频监控系统

2.4.1　适用范围

适用于深基坑等视线受阻环境下进行的汽车式起重机等其他机械的起重吊装作业。

2.4.2　成果简介

常规方法：在常规起重吊装作业中，地面起吊作业操作司机视线无阻挡，由信号工指挥，旁站人员旁站，方可进行常规起重作业（图 2.4-1）。当地面作业视线受高大障碍物阻挡或进行深基坑内起重吊装作业时，操作司机视线受阻，获取视线方位信息只有来自对讲机内信号工传来的指挥信号，无法通过画面做出最准确判断，易引发因指挥信号不清晰而操作失误或碰撞事故，且影响吊装安全和吊装作业效率。

图 2.4-1　常规地面吊装作业

新方法：在起重机大臂前端安装无线视频监控，通过无线网桥将视频信号传输至操作室内的显示器上，操作司机即可通过视频画面看到吊钩下作业面的情况，同时加以信号工的指挥信号做出正确判断，降低因操作失误或指挥失误带来的吊装风险（图 2.4-2、图 2.4-3）。

图 2.4-2　无线摄像头

图 2.4-3　视频监控显示器

2.4.3 具体做法

安装无线摄像头，连接无线网桥，通过20000mAh大容量聚合物电池供电，操作室内安装具有接收无线视频信号的显示器，摄像头通过无线网桥实时视频信号传输到显示器上，以达到现场可视化的目的（图2.4-4～图2.4-7）。

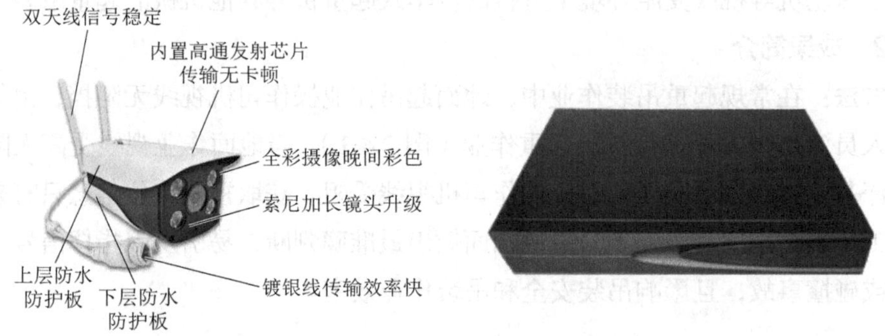

图2.4-4 数字高清无线摄像头　　图2.4-5 无线信号网桥

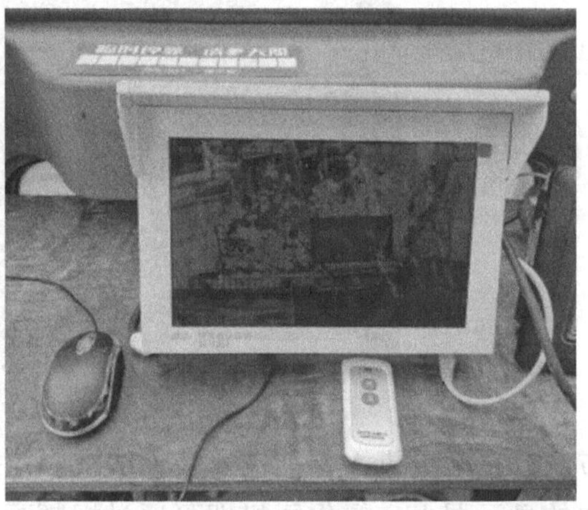

图2.4-6 聚合物大容量电池　　图2.4-7 高分辨率显示器

2.4.4 使用效果

每套无线视频监控系统，购买价格1800元/套，含2块电池，无其他额外投入。

以25m深基坑渣土吊装为例，在未安装无线视频监控情况下，无清晰指挥信号停止作业，在信号工指挥下，用5m³的渣斗吊装，平均每18分钟1斗。而安装无线视频监控系统后，效率可达到每11～12分钟1斗，吊装效率明显提高。

2.4.5 改进方向

（1）稳定供电，防止电池老化中途断电

目前所使用的监控系统摄像头供电由20000mAh的大容量聚合物可充电电池供电，连续使用最多可使用7天，需操作司机每日进行维护保养，及时检查电池电量及电池外观有无鼓包损坏，频繁拆装过程也易使机壳松动，减少续航时长等。

可考虑使用类似起重机限位器的伸缩线盘/线盒（图 2.4-8、图 2.4-9），通过操作室内的车载供电，减少机壳拆装频率，可直接将电池盒去掉，降低高空中松动掉落的风险，减少维护频率。

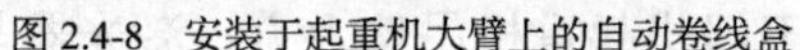
图 2.4-8　安装于起重机大臂上的自动卷线盒

图 2.4-9　单个卷线盒

（2）雷达报警装置

借鉴汽车倒车雷达系统，在大臂顶端加装雷达报警，在狭窄场地内进行作业时，可防止吊车提升大臂时触碰周围障碍物，引发毁坏设施或坠物伤人事故，同时也可起到保护顶部摄像头，延长无线视频监控系统使用寿命的目的。

2.5 门式起重机竖井吊装激光定位

2.5.1 适用范围

解决门式起重机吊装斜拉歪吊的“老大难”问题，提高竖井吊装定位精度，达到快速找到吊装重心，从而改善吊装作业环境，提高吊装安全可靠性。

2.5.2 成果简介

常规方法：多数门式起重机现已增加视频监控系统，由于安装位置受限，视频监控常与吊钩之间存在夹角等问题，针对竖井较深视频精度不够等问题，很难实现快速找到吊装重心。门式起重机在竖井上方吊装过程中，竖井下距离较远，信号工难以判断吊钩所在准确位置，吊装效率低，吊物掉落还可能发生危险。

新方法：采用大功率绿光激光仪，安装于门式起重机吊钩上方，激光器与门式起重机总开关实现连锁，主电源开关打开后，激光器便启动立即投入使用，通过增加激光靶定位吊钩位置，管片在地面起吊之前，吊钩不垂直时立即通过激光作为相对位置参考，通过操作室吊钩监控可快速找到吊点重心，达到快速准确调整吊钩吊点重心位置的目的。

2.5.3 具体做法

通过安装调试激光器后，利用激光器直线投点特性，将投点位置作为参考，实现快速找到吊装重心，防止斜拉歪吊，从而在起吊过程中保证吊装作业人员安全。

（1）选定激光器，查阅资料及类似应用，选择“大功率绿光激光器”，该产品激光距离可达 1000m 不发生散射，可满足多种气候条件使用，外形小巧，方便安装（图 2.5-1）。

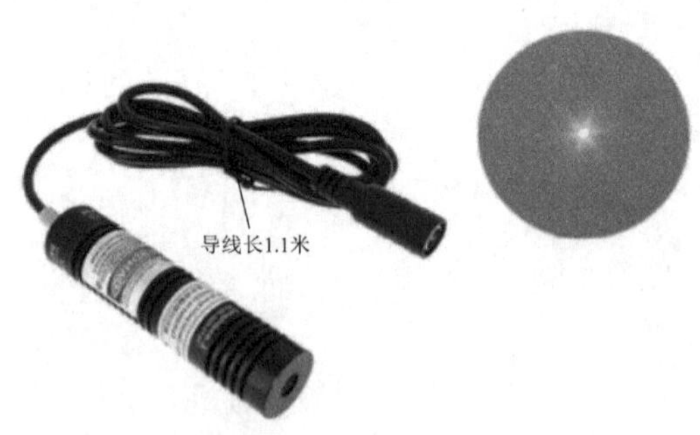

图 2.5-1　激光器

（2）激光器具体参数见表 2.5-1。

表 2.5-1　激光器具体参数

项目	参数	项目	参数
尺寸	$\phi 22 \times 90$mm（其他尺寸可订制）	光束形状/尺寸	圆形，出瞳光束 8mm 左右（远距离光束大小可调节）
材质	铜 + 铝	电路控制	ACC 线路

续上表

项目	参数	项目	参数
表面处理/颜色	黑色（氧化雾黑）	工作电压	4.5～25V（直流宽电压，适合更多电源供电）
使用寿命	＞6000h（连续输出，连续使用寿命）	工作电流	＜460mA
输出波长	532nm/±5nm	工作温度	−10℃～+40℃
输出光功率	＜80mW	储存温度	−40℃～+80℃
射程	500～10000m		

（3）激光器自带电源适配器，将激光器电源线加长，沿门式起重机小车行走线敷设，并与小车行走线路绑扎牢固，电源线进入门式起重机配电室后增加 220V 专用插座，激光电源适配器插入插座并用扎带绑扎牢固（图 2.5-2、图 2.5-3）。

图 2.5-2 激光器布线

图 2.5-3 安装激光器

（4）激光器安装在大小钩中间上方横梁处，现场调节位置，使激光投点在大小钩中间部位，大小钩可同时参考激光投点进行定位（图 2.5-4、图 2.5-5）。

图 2.5-4 参照吊钩对激光位置微调

图 2.5-5 激光投点作为参考进行吊装

2.5.4 使用效果

（1）通过增加激光靶定位吊钩位置，管片在地面起吊之前，吊钩不垂直时立即通过激光作为相对位置参考，通过操作室吊钩监控可快速找到吊点重心，达到快速准确调整吊钩吊点重心位置的目的；在管片吊装过程中，激光投点位于管片小车右方 10cm 处，井下作业人员利用激光位置将管片下放到管片小车之前便可以通过对讲机指挥门式起重机司机，提前对管片下放区域进行调整，提高了吊装效率。

（2）激光在跟随门式起重机运动过程中移动，在夜间施工时，发出激光还起到警示作用，提示信号工吊钩移动位置，增加人员安全意识。

（3）激光器采购成本为 180 元，其他投入主要为购买电缆及人工投入，投入汇总见表 2.5-2。

表 2.5-2　门式起重机竖井吊装激光定位设施投入汇总

投入成本	数量	价格（元）
电缆	40m	280
电工安装（人工费）	0.5 天/人	100
激光器	1 个	273
合计		653

2.5.5　改进方向

（1）因激光仪安装在小车上用扎带固定，在小车行驶过程中容易因发生振动导致激光发生偏移。可将激光仪底座改为自攻螺栓固定，在门式起重机小车振动时减少偏移量。

（2）安装一个激光仪在大小钩中间，因为目前大小钩吊装工作都在参考一个激光仪，激光仪固定在小车防护棚顶部，不是最佳位置，最佳位置因现场施工条件限制未能安装在吊钩正下方。可在门式起重机安装前将激光仪安装于吊钩正上方，大小钩可各安装一台激光仪，激光仪与钢丝绳基本平行，钢丝绳发生偏移后可立即进行调整，找到吊物重心。

2.6 施工升降机自带翻折盖板

2.6.1 适用范围

适用于施工现场施工升降机和楼层之间空隙覆盖。

2.6.2 成果简介

常规方法：在施工升降机安装之前确定其与楼层之间的空隙，保证楼层空隙与升降机外立面在 2cm 之内，这样施工升降机在是到达楼层作业面，施工升降机门打开人员和推车直接进入楼层。同时要考虑胀模以及后续外墙的保温层、防水层以及贴砖层厚度接近 5cm，为保证升降机的正常运转，因此升降机与外墙间预留间隙一般不小于 15cm，间隙过大易产生踏空或坠物等安全隐患。

新方法：使用施工升降机翻折盖板，方便人员和推车进出楼层和施工升降机。加装护栏，防护措施和安全性得到提高。施工升降机翻折盖板不影响施工升降机运行，不存在安全隐患（图 2.6-1）。

图 2.6-1　升降机与外墙间隙

2.6.3 具体做法

在安装施工施工升降机之前，通过定位，留出施工升降机和外墙施工安全间隙，在施工升降机和楼层之间需要铺设通道才能通过人员和推车。为了方便人员和推车通行，在施工升降机靠近楼层一侧加装翻板，翻板边缘距离施工升降机边缘 15cm 左右固定，翻板靠近楼层一边搭接 15cm，整个翻板 40cm，使用厚度 0.5cm 的花纹钢板。翻板长度两面安装 1.2m 高扶手，在翻板打开后，扶手可以做护栏使用。在施工升降机运行过程中，翻板收回，保证施工升降机安全运转（图 2.6-2）。

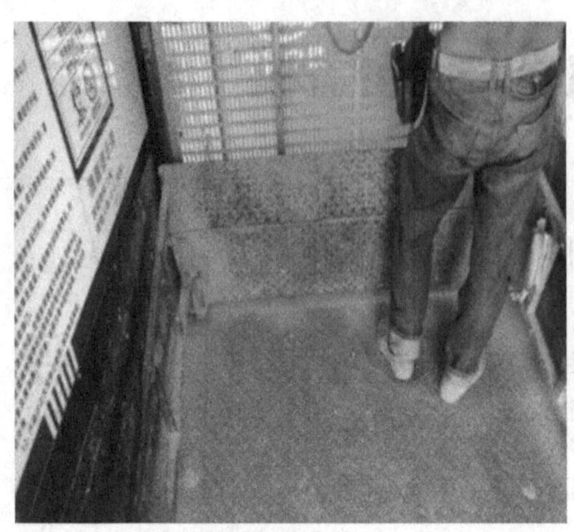

图 2.6-2　翻折盖板

2.6.4　使用效果

经济投入方面：在投入成本方面此项活动需要投入的人力物力较少，项目共投入费用 500 元，制作花纹钢板（40cm × 1300cm × 0.5cm），120cm 高护栏（ϕ3cm 镀锌圆钢），可以拆除重复使用。

管理效能方面：翻折盖板应用以来，施工升降机安全系数大幅度增加，后期投入减少，人员作业安全得到保证，进而推进工程平稳快速开展。

2.6.5　改进方向

优化翻折盖板的材质，减轻重量。

第 3 章

临时用电类

3.1 预制梁场门式起重机供电优化

3.1.1 适用范围

适用于门式起重机供电优化。

3.1.2 成果简介

常规方法：采用电缆卷筒供电式轨道电动平车（以下简称“电动平车”）供电，电动平车依靠电缆线供电，随着车子的前进或后退，车子下方安装的电缆卷筒会对电缆线进行放开或收起，来防止电缆线放置在地面被碾压或磨损，操作电压为 36V 安全电压，直线距离一般不超过 40m 可以使用此方法（图 3.1-1）。

新方法：根据施工现场需求，安装的门式起重机须在同一区间同时使用，结合起重机行业移动供电改造的成功经验，使用型号为 HXPnR-H-380/500A 单极组合式滑触线。滑触线主要由滑线导轨（固定部分，与电源相接，导轨由单长 4m/根或者 6m/根连接而成）和集电器（滑动部分，可在滑线轨道上或内滑动并与铜条接触取电，集电器用于与移动电机相连）两部分组成，见图 3.1-2。

图 3.1-1 采用电动平车供电

图 3.1-2 采用滑触线供电

3.1.3 具体做法

（1）预制梁场 T 梁区采用 3 台门式起重机，箱梁区采用 4 台门式起重机，起重吊装生产作业，其供电方式采用在门式起重机一侧预埋钢柱，在钢柱上安装钢桁架悬吊滑触线，门式起重机同时供电，工作使用时分别取电的方式给联合作业门式起重机提供源源不断的电力供应。

（2）在门式起重机轨道水平面安装一个滑线支架，通过经纬仪用板尺和水平尺将该直线标注在钢梁侧面上，以备安装滑线用（该直线即为新滑触线的水平线）。

（3）直线度的确定：依据滑线水平度安装一根滑线后，再根据滑触线规定间距调整其他两相滑触线直线度，使五根滑线基本保持平行，滑触线直线度 $\leqslant 0.5/1000$，中心线位置偏差 $\leqslant \pm 5$mm。

（4）在滑触线规定安装滑线伸缩节的立柱处应加装伸缩装置，检修段位置加装相应的断路块，在引接电源线进线时，可在每 6m 一根的接头处引接。

（5）滑触线的安装配备滑线固定卡，固定卡按照厂家的技术要求进行安装。

（6）在安装导电器时先把导电器装在配套的方管上，选择与滑触线配合的适当位置固定在门式起重机的大梁上，使导电器与滑触线有很好的跟踪性能和良好的接触能力，导电器与滑触线应安装在同一垂直、水平方向。

3.1.4 使用效果

（1）可实现单系统多设备同步使用，并可以提供大安培数的电流。

（2）多点供电从而减少电压降，可提供侧面安装、间断和弯曲的系统且长距离的系统同样适用。

（3）检查维修方便，且适用于户外作业。

（4）通常有较长的使用寿命，具有绝缘、安全、耐温、抗振、节能等优越性能并减少维修工作量，且安全滑触线 65 元/m，经济效益较好。

现场应用情况见图 3.1-3。

图 3.1-3 现场应用情况

3.1.5 改进方向

（1）目前市场上滑线槽普遍采用铝材，为了使滑触线滑线行车安全可靠，推荐采用铜导体。从目前同行施工企业询问行车安全滑触线的应用情况来看，铜导体的滑触线应用呈现递增趋势，这说明，企业更加注重安全滑触线的导电性能，以及安全滑触线的节电性能。

（2）采用新型导电材料，减少阻抗，提高材料的抗磨损、抗氧化、抗腐蚀性能，增强使用寿命。

3.2 交流弧焊机一次端断电保护装置

3.2.1 适用范围

广泛用于工程施工中的焊接作业，尤其适用于钢构件加工厂等集中焊接加工场所，亦可适用于各种工程施工领域，安全可靠、节能环保。

3.2.2 成果简介

常规方法：焊接作业中，通过变压获得大电流，根据电流的热效应将焊材瞬间融化在被焊工件上。其特点是应用广泛，作业频繁，耗电量较大。焊接作业工人在操作过程中，或在作业间隙，交流弧焊机一般均在带电空运转，存在误判断、误操作行为，容易发生触电安全隐患；焊接作业结束后，也存在不及时关闭电源的现象，造成电力资源流失，对施工生产成本造成极大的浪费（图 3.2-1）。

新方法：采用交流弧焊机一次端断电保护装置（图 3.2-2），通过二次控制回路常开控制器（按钮）来控制交流弧焊机一次端的通断，从而实现交流弧焊机在非作业情况处于断开状态。整个交流弧焊机系统处于彻底失电状态，确保无电力消耗、安全可靠。需工作时，可控制常开控制器（按钮）通过二次回路控制交流弧焊机一次端得电，交流弧焊机进入工作状态。有效降低交流弧焊机使用过程中触电安全隐患，提升交流弧焊机的安全性能，减少工人误操作风险，降低施工触电安全风险，提高工程安全管理水平，进一步树立“安全第一”的安全生产意识。

图 3.2-1　常规焊接作业

图 3.2-2　一次端断电保护装置

3.2.3 具体做法

设计二次控制回路，将启停常开控制按钮设计在焊钳处，工人作业时，操作常开按钮通过二次回路控制一次端通断，实现交流弧焊机启停功能。实现在非工作情况下交流弧焊机处于断开状态，确保安全，避免电力浪费。

（1）二次控制回路的制作：焊钳上设置常开控制器（按钮），通过二次回路的控制交流弧焊机的一次端通断来实现控制动作，二次回路变压器获得 24V 安全电压为二次回路供电，见图 3.2-3、图 3.2-4。

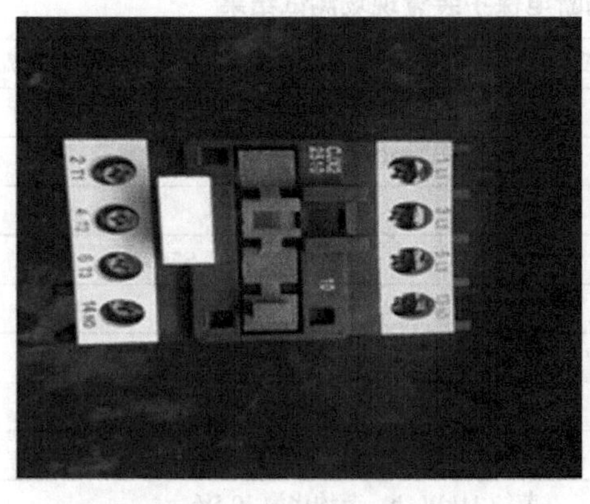

图 3.2-3　二次控制回路电气元件

图 3.2-4　二次回路控制箱内部

（2）电焊机的加装：直接将制作好的控制箱安装在交流弧焊机上，连接好交流弧焊机一次端至控制箱的电源连接线。

（3）焊接作业：启动电源开关，作业工人按住常开控制器（按钮）控制回路得电吸合接触器，交流弧焊机通电，可进行焊接作业；调整工位、焊件、更换焊材、中途休息等工作间隙，作业工人放开焊钳（即常开按钮松开），控制回路接触失电断开，交流弧焊机断电，交流弧焊机处于断开停机状态，彻底消除了待机状态下的电力损耗及安全隐患。作业结束后，及时关闭工作电源。

人员培训及焊接效果展示见图 3.2-5。

图 3.2-5　人员培训及焊接效果展示

3.2.4　使用效果

经过与未加装交流弧焊机一次端断电保护装置进行对比，现场测试结果见表 3.2-1，以台班 8h 工作为测试节点，传统交流弧焊机平均电耗为 114.3kW · h，加装保护装置平均电耗为 93kW · h，节约 21.3kW · h，平均节约 21.3/8 = 2.67kW · h/h，能耗节约达 21.3/114.3 = 18.6%。按照一台交流弧焊机每月使用 30 个台班，每月节约电量 21.3 × 30 = 639kW · h，电价按 0.8 元/kW · h 计算，可节约成本 639 × 0.8 = 511.2 元/月/台。以 30 台交流弧焊机为例，每年可节约成本达 511.2 × 30 × 12 = 184032 元。

表 3.2-1 交流弧焊机一次端断电保护装置现场测试结果

名称		传统交流弧焊机	加装“一次端断电保护装置”交流弧焊机
规格型号		BX1-500，500A	
第一次测试	工作内容	隧道内二次衬砌钢筋制作加工、安装	
	测试时间	8h	
	电度消耗	111kW · h	87kW · h
	对比	节约 24kW · h，节约比为 21.6%	
第二次测试	工作内容	拱架制作、焊接	
	测试时间	8h	
	电度消耗	105kW · h	94kW · h
	对比	节约 11kW · h，节约比为 10.5%	
第三次测试	工作内容	储水箱制作、安装	
	测试时间	8h	
	电度消耗	127kW · h	98kW · h
	对比	节约 29kW · h，节约比为 22.8%	

且较传统交流弧焊机安全性能也大大提高，在非工作条件下系统工作断开交流弧焊机一次端（主电路），使交流弧焊机处于断开状态，安全可靠。

3.2.5 改进方向

（1）强化安全防护

加装了一次端断电保护装置的交流弧焊机整体尺寸较大，移动不方便，在施工生产过程中易被其他行走设备碰撞损坏，需进行安全防护及安全警示的改进。

可制作更加安全安全保护箱，底部安装万向轮，移动方便、灵活，并具备刹车功能。内部安装绝缘胶板，安装 8 个可调紧的蝴蝶螺母，固定交流弧焊机并保证绝缘要求（图 3.2-6、图 3.2-7）。

图 3.2-6 保护箱外观

图 3.2-7 保护箱内部

（2）能耗采集设备

在工程施工中，交流弧焊机的广泛使用成为工程施工成本单元的重要组成要素。为更有效地对加装了一次端断电保护装置的交流弧焊机电力消耗进行监控，对异常电耗进行实时监控，需制定更加有效的节能措施，对能耗采集设备进行创新制作。

3.3　大直径隧道高压电缆延伸装置及延伸方法

3.3.1　适用范围

适用于大直径盾构机/岩石隧道掘进机（TBM）隧道高压供电系统或类似工况的电缆延伸。

3.3.2　成果简介

常规方法：高压电缆使用完毕，盾构机停止掘进，将新电缆卷盘运输至盾构机拖车尾部，人工将电缆卷盘上的高压电缆盘入盾构机拖车上自带的高压电缆卷筒上或储存框内；断开高压电缆，将新、旧高压电缆经过中转框连接或做中间接头连接；高压电缆进行耐压试验，试验合格后送电恢复。

高压电缆随着盾构机向前掘进不断从电缆卷筒或电缆储存框内拖出，再用人工挂设在管片上的电缆挂钩上，由于电缆较重，需要用叉车等设备辅助挂设。

在电缆延伸作业时，盾构机高压断开，需要启动内燃发电机供盾构机空压机和基本照明及其他系统用电，满足盾构机保压及作业需求。

常规的高压电缆延伸作业需要投入人工约 25 人，用时约 12h，人工挂设电缆需要 3 人借助叉车方能将电缆挂设在挂钩上，作业效率低，停机时间长，盾构机保压风险大。

新方法：大直径盾构机一般采用 2 根高压电缆供电，可提前制作 4 个可以整体更换的电缆储存框，在隧道外提前将 2 根高压电缆分别盘入电缆储存框内，根据储存框和电缆的大小，尽可能多地盘入高压电缆，以减小电缆延伸次数，见图 3.3-1、图 3.3-2。

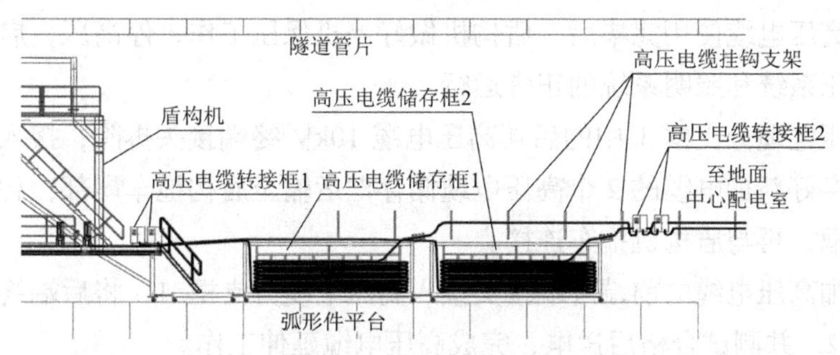

图 3.3-1　电缆延伸系统示意图

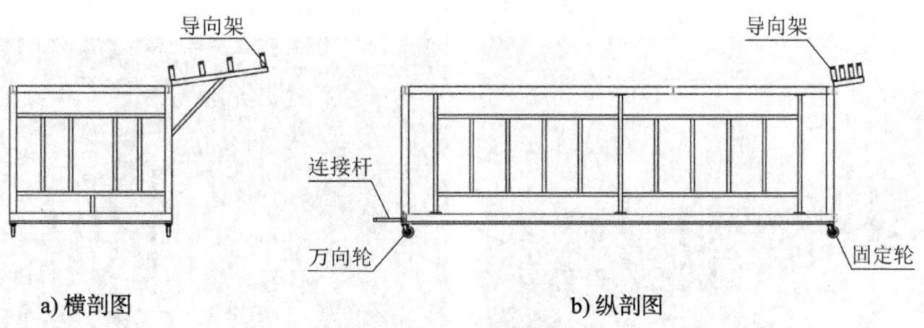

图 3.3-2　电缆储存框示意图

在每个电缆框靠近电缆挂钩一侧焊接电缆导向支架（图 3.3-3），将拖出来的高压电缆导向电缆挂钩，支架出口比电缆挂钩略高 10～20cm，随着盾构掘进前行高压电缆拖出储存框后，在自重作用下，高压电缆可顺势自行落在电缆挂钩上。

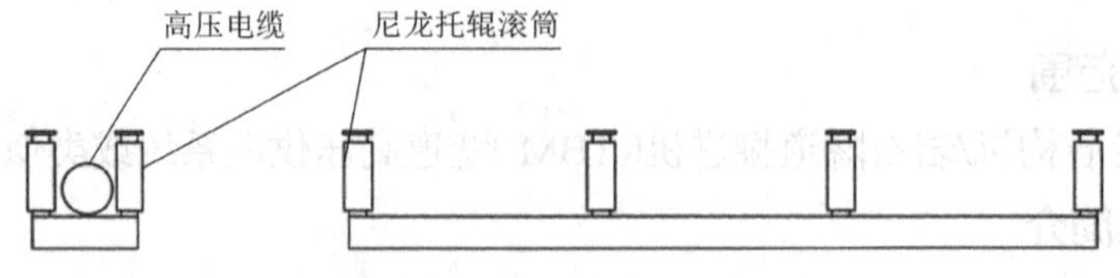

图 3.3-3　电缆导向支架示意图

电缆储存框内的电缆使用完毕时，提前在隧道外将另外 2 个相同的电缆框盘好高压电缆，运输至盾构机拖车尾部，替换掉使用完毕的电缆框。盾构停机后，断开原高压电缆，将新接入的高压电缆前后端接入原高压电缆，试验合格后，送电恢复。

3.3.3　具体做法

（1）某工程需要延伸 2 根高压电缆，因此延伸系统配置电缆储存框 2 个，每个储存框盘存 1 根高压电缆。储存框通过连接杆前后相连并与焊接在盾构机拖车尾部的平台相连，跟随盾构机前行；在拖车尾部设置高压电缆转接框，便于电缆延伸。根据电缆框高度及与电缆挂钩的距离，设计电缆导向支架，根据电缆下垂弧度计算导向支架出电缆口悬挑的高度，拖出的电缆恰好能挂设在电缆挂钩上。

（2）新制 2 个与改造后延伸系统中相同的高压电缆储存框，将需要新加的高压电缆全部盘存在储存框内。新加电缆做好绝缘及耐压检测后，两端做 10kV 高压电缆终端接头，并做好防护。此项工作不占用盾构正常掘进施工时间。

（3）洞内高压电缆使用完毕后，盾构机做好停机保压工作，停高压，启动盾构机上的发电机维持保压系统和照明系统的正常运行。

（4）将高压电缆分支框 1 中的后端高压电缆 10kV 终端接头拆除，接入高压电缆分支框 2 中；将盘存好新加电缆的 2 个高压电缆储存框运输至盾构拖车尾部，替换出 2 个空的高压电缆储存框，再与盾构机拖车连接。

（5）将新加高压电缆的前端终端接头接入高压电缆分支框 1，将后端终端接头接入高压电缆分支框 2，并测试合格后送电，完成高压电缆延伸工作。

现场应用效果见图 3.3-4。

图 3.3-4　现场应用效果

3.3.4　使用效果

（1）隧道外盘存高压电缆，相比盾构机上盘存电缆，节省了大量的人工投入，效率更高。

（2）常规方法延伸一次高压电缆需 10～12h，新方法只需要 2h 左右，大大缩短了盾构的停机时间，降低盾构停机保压风险。

（3）常规方法电缆拖出后需要 2～3 人采用叉车辅助挂钩，新方法电缆拖出后自动落入挂钩内，只需 1 人巡视检查电缆挂设效果即可。

（4）根据现场工况，电缆储存框可以做得足够大，储存足够多的高压电缆，相比较盾构自带的延伸系统，可以大大减少电缆延伸的次数，提高施工效率。

3.3.5　改进方向

（1）电缆储存框拖行方式的适应性改进

本方法是基于弧形整体箱涵的工况，采用电缆框设行走轮，利用盾构机拖行的方式。在其他不同工况的隧道施工中，可以采用相同的原理，根据现场工况采用尾部拖动平台等方式满足电缆储存框拖行的需求，使该系统具备更强的适应性。

（2）电缆框的优化

本设计制作的电缆框使用 100mmH 型钢、ϕ50mm 钢管，根据储存电缆的重量，电缆框的材料可进一步优化，以减小电缆框架的重量，降低制作成本。

3.4 断电自动报警装置

3.4.1 适用范围

适用于工作点多、作业面广、大面积用电的工程项目。

3.4.2 成果简介

常规方法：施工现场需要使用电力进行施工，对现场配电设施管理成为日益重视的工作，目前的人工巡视方法效率低、劳动力成本高。

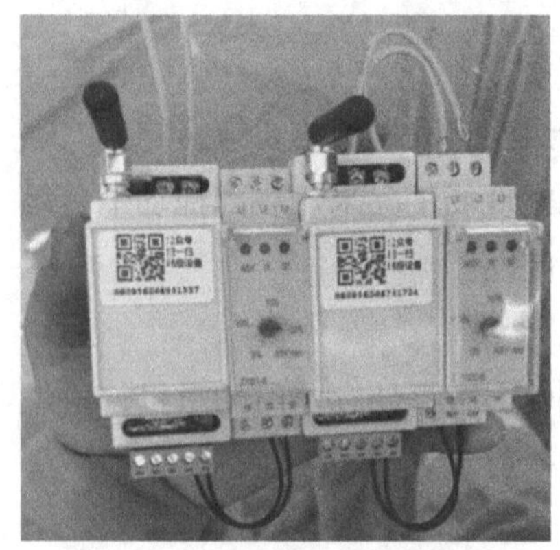

图 3.4-1 断电自动报警装置

新方法：为保证现场用电正常及配电设施安全、节约成本、减少防护人员投入，开发了断电自动报警装置（图 3.4-1）。断电在施工现场时常发生，采用此装置可有效精确定位断电地点并提示断电原因，电工能够在第一时间进行正确处理，保证用电安全。当发生缺相、跳闸、电缆被盗以及其他断电时，该装置通过无线传输可以将断电位置及原因通过电话语音或者短信方式发送至管理人员手机上，第一时间提醒管理人员施工现场发生断电事件，电工可在第一时间进行处理。

3.4.3 具体做法

（1）将断电自动报警装置连接设备与电源之间（三根相线），并检查牢固不可松动后送电（图 3.4-2）。

（2）打开设备电源开关，检查设备供电和其他状态显示发光二极管（LED）是否亮起。红色与绿色灯表示外部供电正常，红色表示正在给内部电池充电，绿色表示内部电池充电完成，黄色闪烁表示设备内部电池电压，蓝色表示网络以及设备工作状态（图 3.4-3）。

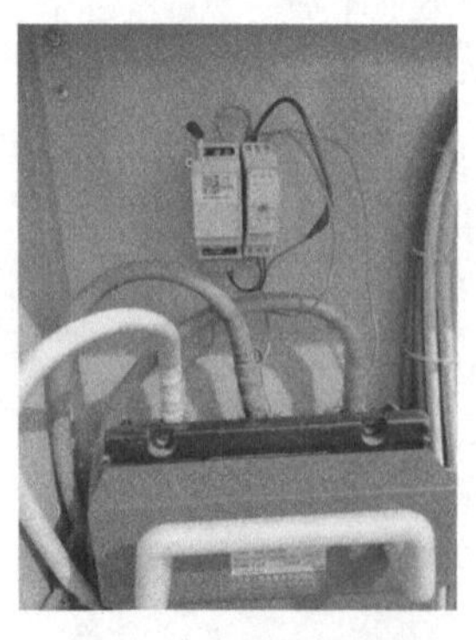

图 3.4-2 断电自动报警装置接线

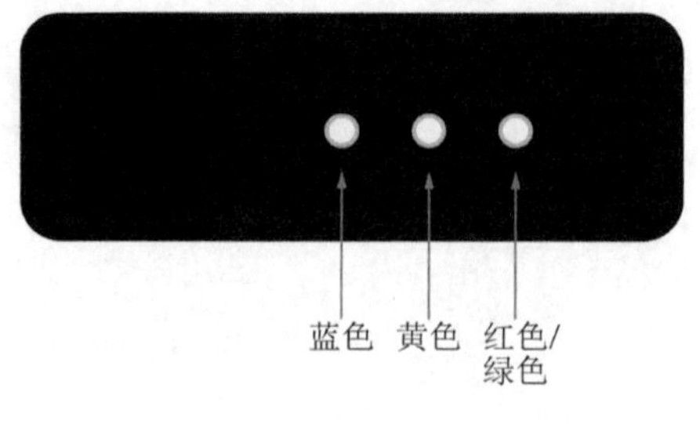

图 3.4-3 断电自动报警指示灯

（3）手机扫报警装置上面的二维码，进入设置界面，可以根据实际情况绑定多个应急联系人的电话或者微信，当发生断电时该装置会通过后台无线传输至应急联系人，通过电话语音或者微信发送信息的方式通知应急联系人现场已经断电（图 3.4-4）。

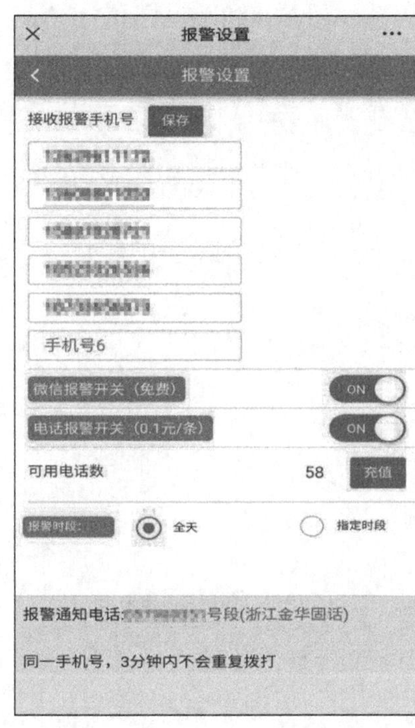

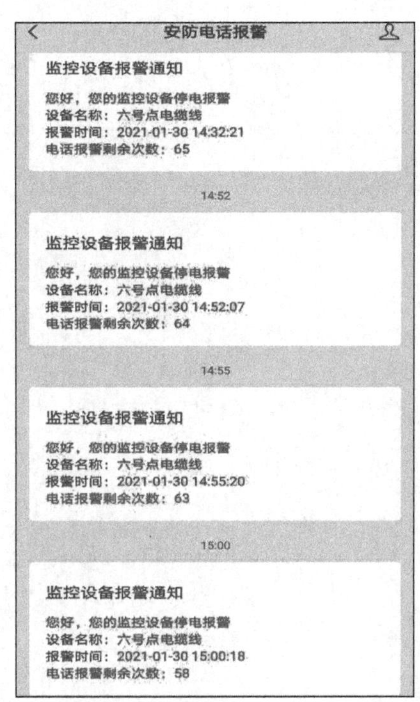

图 3.4-4　报警设置及通知截图

3.4.4　使用效果

该装置可采用三个相线与配电箱内电缆进线端相连接，安全可靠，装置外壳为新型塑料材料，该材料兼防腐蚀、防触电、小型轻便等功能，使用方便。手机可通过无线连接该装置，并设置相关应急联系人，设置专用手机号后，当发生断电时可通过语音或者短信方式发送该联系人，该联系人可在第一时间进行用电排查，防止配电设施被盗或及时供电，确保现场正常施工。

自 2020 年 11 月 5 日开始安装并使用断电报警装置，截至 2023 年 3 月，现场共计报警 383 次，其中缺相报警 34 次、跳闸报警 285 次、电缆被盗报警 3 次、其他断电报警 61 次。

报警时能够精确进位，直接将断电精确位置发送给联系人，警示效果突出，有效解决现场配电设施丢失问题，同时保证现场用电正常使用，为项目提高生产进度、保障安全质量创造有利先决条件。

3.4.5　改进方向

可对接线方式进行优化，将原有有线接线方式升级为快插（USB）连接方式，进一步提高安全性能、降低安装时间。

第4章
安全预警类

4.1 违章监控预警设备

4.1.1 适用范围

适用于安装视频监控施工现场；作业人员未佩戴安全帽、未穿反光背心、施工现场吸烟等习惯性违章频发的施工现场；施工现场场地过大、作业面较多，管理人员无法随时监控的施工现场。

4.1.2 成果简介

常规方法：当作业人员在施工现场发生未佩戴安全帽、未穿反光背心、施工现场吸烟等习惯性违章行为时，常规方法是依靠现场管理人员及时发现、纠正并教育，避免习惯性违章行为造成事故，该方法完全依赖现场管理人员，当施工现场场地过大、作业面较多时，管理人员无法做到随时监控，可能造成习惯性违章聚集，较长时间无人纠正可能发展成事故（图 4.1-1）。

图 4.1-1　现场违规现象

新方法：将施工现场的视频监控接入“习惯性违章”监控设备，“习惯性违章”监控设备服务器对现场视频进行不间断监控，发现违章问题将在配备的显示设备终端进行公示及语音播报（图 4.1-2）。

图 4.1-2　现场大显示屏电脑一体机

4.1.3　具体做法

“习惯性违章”监控预警设备由一台大显示屏电脑一体机（终端公示通报屏）、一台服务器、现场摄像头、服务器内安装大数据分析软件、服务器接入外网组成，见图 4.1-3～图 4.1-5。

图 4.1-3　未佩戴安全帽识别照片

图 4.1-4　吸烟识别照片

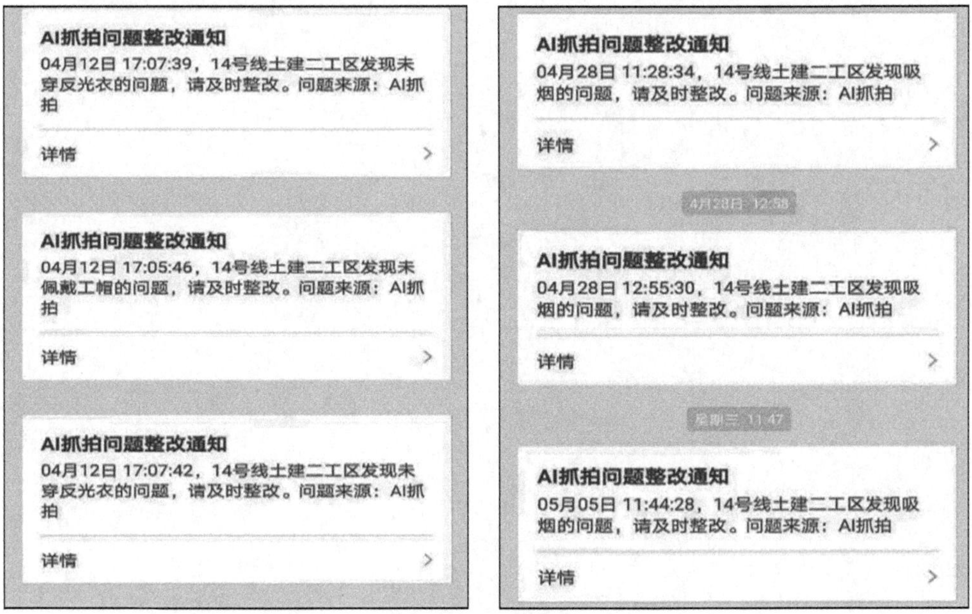

AI抓拍问题整改通知
04月12日 17:07:39，14号线土建二工区发现未穿反光衣的问题，请及时整改。问题来源：AI抓拍
详情 >

AI抓拍问题整改通知
04月12日 17:05:46，14号线土建二工区发现未佩戴工帽的问题，请及时整改。问题来源：AI抓拍
详情 >

AI抓拍问题整改通知
04月12日 17:07:42，14号线土建二工区发现未穿反光衣的问题，请及时整改。问题来源：AI抓拍
详情 >

AI抓拍问题整改通知
04月28日 11:28:34，14号线土建二工区发现吸烟的问题，请及时整改。问题来源：AI抓拍
详情 >

4月28日 12:55

AI抓拍问题整改通知
04月28日 12:55:30，14号线土建二工区发现吸烟的问题，请及时整改。问题来源：AI抓拍
详情 >

星期三 11:47

AI抓拍问题整改通知
05月05日 11:44:28，14号线土建二工区发现吸烟的问题，请及时整改。问题来源：AI抓拍
详情 >

图 4.1-5　管理人员手机提醒

运行机制：进出口安装一台大显示屏电脑一体机用于接收、显示服务器分析出来违章图片并进行语音提醒，现场摄像头与服务器进行实时连接，服务器实时对现场画面进行分析，当服务器发现违章行为时将照片传输至大显示屏电脑一体机公示，同时电脑发出“发现违章行为人员”的语音提醒，服务器将照片传输至大显示屏电脑的同时也将照片发送至管理人员手机，现场管理人员可立即纠正。实现了利用创新技术对进入现场作业人员进行监督，便于管理人员及时发现处理。

4.1.4 使用效果

每套“习惯性违章”监控预警设备，购买价格 4.8 万/套，其他费用仅有运行电费。

此监控预警设备发现违章行为可及时将图片发送至管理人员手机，便于对现场习惯性违章的及时发现与治理，避免因现场习惯性违章发展成事故。

4.1.5 改进方向

（1）识别数据的准确性

此设备是利用软件进行行为分析，难免会出现一些误判，因此加强监控设备准确性可作为一个改进方向。

（2）设备自启动

针对现场断电问题，此监控设备可优化为自启动，避免断电后需人工启动。

4.2　新型有害气体自动报警、消除控制系统

4.2.1　适用范围

适用于项目部和工地厨房、洞内施工作业等相对封闭区域。

4.2.2　成果简介

常规方法：传统气体监测仪是一种气体泄漏浓度监测的仪器仪表工具，主要有便携式或手持式气体监测仪（图 4.2-1），其原理是利用气体传感器来监测环境中存在的气体种类和浓度。传统气体监测仪主要分为半导体式、燃烧式、热导池式气体监测仪。虽然采购成本较低、使用简便，但是其稳定性较差，受环境影响较大。尤其在可燃性气体范围内，无选择性，暗火工作时，有引燃爆炸的危险。大部分元素有机蒸汽对传感器都有中毒作用。

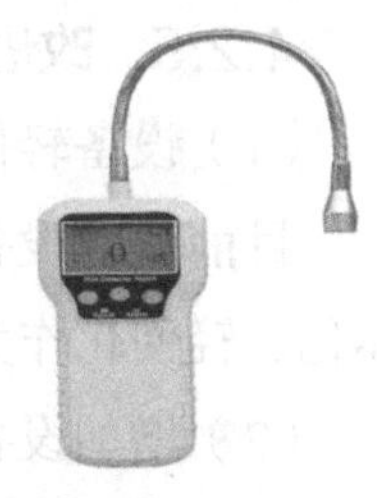

图 4.2-1　传统手持可燃气体监测仪

另外，传统便携式或手持式气体监测仪需安排人员对空间内气体进行监测，人员安全风险大，同时无法实现 24h 不间断监测，无法自动排除有害气体，消除安全隐患。

总体来说传统便携式或手持式气体监测仪可应用范围较窄，限制因素较多。

新方法：采用新型有害气体报警控制系统（图 4.2-2），可将探测器采集到的电信号，经过放大处理后，通过中央处理器（CPU）计算和分析处理，当探测器监测到环境的可燃气体浓度超过报警设定值时输出声、光报警及联动控制信号。当空气中有可燃气体或可燃有毒性气体挥发的蒸汽时，探测器监测信号通过电缆立即传送到报警控制单元，控制器显示出气体浓度，当超过设定的报警浓度值时，报警控制器即发出声、光报警信号并输出联动控制信号，控制风机等设备排除险情，实现隐患控制和消除全自动化。从而起到保障项目部安全生产，避免事故发生。

图 4.2-2　新型有害气体报警控制系统

4.2.3 具体做法

安装比较简易，先在墙上固定好安装支架，挂上控制器即完成安装。采用自动控制系统，继电器为无源常开（触点容量为 AC220V/5A），自动输出联动。传感器稳定、抗毒性好、寿命长，经过测试反应灵敏。该系统具有较高实用性和推广价值。

4.2.4 使用效果

新型有害气体报警控制系统购买价格约 7000 元/套，无其他额外投入。可以有效监测不流通区域空气中的有害气体，有效保障了项目的生命财产安全。

4.2.5 改进方向

（1）设备轻便化、一体化

目前整套设备包含多个部件及管路，设备安装不够简易和轻便，可把设备集成化、一体化、轻便化作为一个改进方向。

（2）增加设备存储电源

针对在洞内施工如遇到断电等特殊情况，为保障不间断监控空间内有害气体，可以把设备自带存储电源作为一个改进方向。

4.3　轨行区“声光智能预警”系统

4.3.1　适用范围

适用于包含轨行区内工作人员穿行，与设备的交叉作业等工作环境。

4.3.2　成果简介

常规方法：轨行区安全防护栏采用手动开启、关闭通道门的方式。当环境光线不清晰，人员精力不集中等情况下容易造成轨行区人员穿行时发生危险。

新方法：采用声光报警器、激光警示模块、接近开关和电磁锁组成一套智能预警系统，当车辆进入轨行区范围内，接近开关工作，声光报警器自动预警，同时激光警示模块发出激光束，在轨行区外侧形成明显的电子围栏，电磁锁自动将门锁闭。

4.3.3　具体做法

利用传感器和多种方式的预警装置，对轨行区做出智能预警。

（1）在轨行区两端安装接近开关：当车辆即将进入轨行区时接近开关开始工作，将信号传递到报警模组，见图 4.3-1。

（2）报警模组安装：将声光报警器和激光模组安装在通道门一侧，当接近开关工作时，报警系统开始工作，见图 4.3-2。

（3）电磁锁安装：当声光报警器开始工作时，电磁锁也自动处于闭合状态，当车辆驶出后报警器停止工作，电磁锁也处于开启状态，人员可以通行。

预警系统控制箱见图 4.3-3。

图 4.3-1　接近开关安装位置

图 4.3-2　声光报警器和激光模块

图 4.3-3　预警系统控制箱

4.3.4　使用效果

每套轨行区“声光智能预警”系统，购买配件价格在 1000 元左右，正常使用情况下除用电外无其他额外投入。

该设备在日常生产工作中持续运行，没有易损坏、难修理等情况出现，不需要专人管理设备运行。同时现场工作人员易于学习了解预警行为，便于设备投入生产使用，降低学习成本。

4.3.5 改进方向

改进方向：加强激光模块电子围栏显示效果和电子警示牌。

考虑到目前设备为小功率单一光源，白天阳光充足情况下，电子围栏显示效果不明显。

可采用大功率激光模组，增加两组模块，使电子围栏显示效果为三条激光束，警示效果更加显著（图 4.3-4）。同时在通道门上安装 LED 电子屏幕，当门处于闭合状态时，屏幕显示“禁止通行”字样，当门处于开启状态时，屏幕显示“可以通行”字样。

图 4.3-4 电子警示牌和激光模块

4.4 隧道突泥涌水应急自动报警器

4.4.1 适用范围

适用于反坡单线或复线隧道多工序同步施工的作业工况下防突泥涌水应急报警。

4.4.2 成果简介

常规方法：目前绝大部分隧道项目内采用常规视频监控系统对各个关键施工区域进行实时监控管理，该方式存在以下弊端：摄像头一般安装在行走作业台架上，因施工台架需频繁移动，造成摄像头安装位置偏移；另外，隧道内作业环境较差，灰尘较多，造成部分施工区域影像模糊，甚至有盲区；同时隧道内声音无法同步到生产指挥中心，不能起到良好的同步预警作用。

新方法：采用突泥涌水应急自动声光报警器，该装置是通过浮球液位开关位置的设定，当水位上升到设定险情的水位高度后，浮球阀上浮自动接通其内部的控制电源，启动声光报警器，同步联动其他作业面及生产指挥中心，以便快速启动应急响应、组织现场人员撤离（图 4.4-1、图 4.4-2）。

图 4.4-1 隧道突泥涌水应急自动报警器

图 4.4-2 浮球液位开关

4.4.3 具体做法

自动报警器采用报警器和爆闪灯作为报警系统（图 4.4-3、图 4.4-4）。报警系统可手动或自动触发和解除警情。双电源自动瞬时切换系统可保证报警器持续正常使用。报警器可接收和发射信号，警情发生时，报警系统可联动报警；警情解除后，警报器仍均处于工作状态，可持续进行警情监测工作。

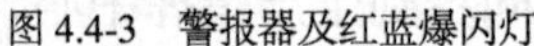
图 4.4-3　警报器及红蓝爆闪灯

图 4.4-4　紧急按钮

4.4.4　使用效果

（1）社会效益

经现场调试，此应急报警器从结构设计和使用效果，均能满足施工现场应急报警的功能要求，该系统经相关单位一次性验收合格。

（2）经济效益

此应急报警器由常规电气元件组成，经核算，其配件、材料及安装费用约 6500 元。

4.4.5　改进方向

（1）设备移动便捷

设备每次移动，需要装载机或者挖掘机将配电盘牵引拖拽，拖拽过程中线缆难免有打结、扭曲、缠绕等现象，待设备到达固定位置后须人工再次进行整理电缆并做好防护支垫，移动不够轻便。建议在配电盘底部装置质量及承重较好的万向轮，并附带防滑防溜措施，使设备移动起来安全轻便，固定可靠。

（2）设备智能化

在应用过程中，将此系统功能进一步扩展优化，把目前自动报警方式扩展为“自动＋远程遥控”模式，在解决与调度指挥室通信信号干扰的同时，突破传统管理模式和手段，充分发挥网络化、信息化管理的优势，从小细节监控管理开始，抓好安全管理，达到降本增效目的。

第5章
斜井水平运输类

5.1　大坡度斜井有轨运输安全防护

5.1.1　适用范围

适用于大坡度斜井有轨运输。

5.1.2　成果简介

常规方法：洞口轨道防溜车阻车装置采用人工搬动机械装置（图 5.1-1）。

新方法：采用 ZDC30-2.5 斜井跑车防护装置，每 200m 设置一挡防护装置，当出现溜车时可以自动启动并阻止矿车继续溜车，层层坡挡防护共同发挥作用，防止发生溜车事故（图 5.1-2、图 5.1-3）。

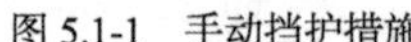
图 5.1-1　手动挡护措施

图 5.1-2　自动防护装置

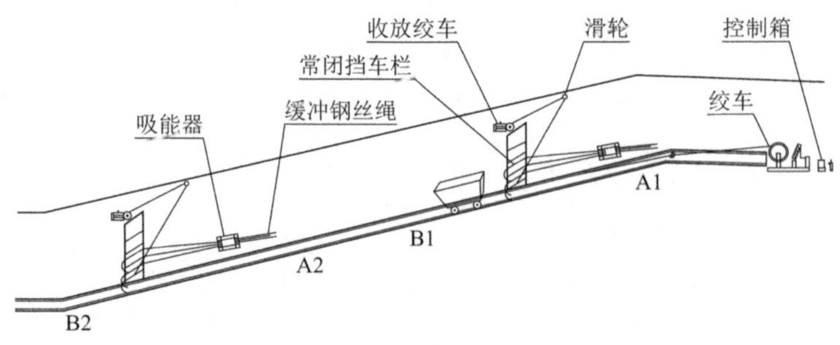

图 5.1-3　一坡三挡原理图

5.1.3　具体做法

洞口段 50m 内设置第一挡 ZDC30-2.5 斜井跑车防护，之后每间隔 200m 设置一挡斜井跑车防护装置。

跑车防护装置和绞车实现互锁联动，对跑车防护装置传感器及 PLC 控制程序进行调试，即绞车通电则跑车防护装置就通电工作；绞车断电则跑车防护装置就断电停止工作。

本装置采用传感器判断矿车在巷道的位置，PLC 作为控制核心，当绞车启动时，绞车房主控 PLC 依据传感器发出的信号判断矿车现在的位置和运行方向。当检测出矿车的位置在某一道挡车栏预定提升点时（当矿车运行的方向相反时，该点为下降点），主控 PLC 发出上提指令给该挡车栏信号控制箱，控制提升电机开始提升挡车栏；当检测矿车的位置运行到该道挡车栏设定的下降点时，主控 PLC 发出下降指令给该挡车栏信号控制箱，控制提升电机开始下放挡车栏。

（1）当矿车在上车场时所有挡车栏全部处于关闭状态，当矿车下行到 A1 点时第一道挡车栏打开，当矿车下行到 B1 点时第一道挡车栏关闭，当矿车下行到 A2 点时第二道挡车栏打开，3 挡、4 挡、5 挡工作过程和两档相同。

（2）当矿车从下车场提车时到第二挡车栏 A2 点时，第二道挡车栏关闭，当矿车上升到 B1 点时第一道挡车栏打开，当矿车上行到 A1 点时第一道挡车栏关闭。

（3）当发生跑车时，矿车撞击挡车栏，到位传感器给主控 PLC 发出跑车信号，PLC 立即发出报警保护命令，绞车安全回路断开，各道挡车栏均处于下放到位状态，防止矿车冲出斜巷造成更大的事故。

现场照片见图 5.1-4～图 5.1-8。

图 5.1-4 一坡三挡运行

图 5.1-5 钢丝绳探伤

图 5.1-6 洞内全程安装声光警报器、语音提示指示灯

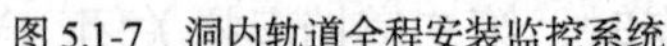

图 5.1-7 洞内轨道全程安装监控系统

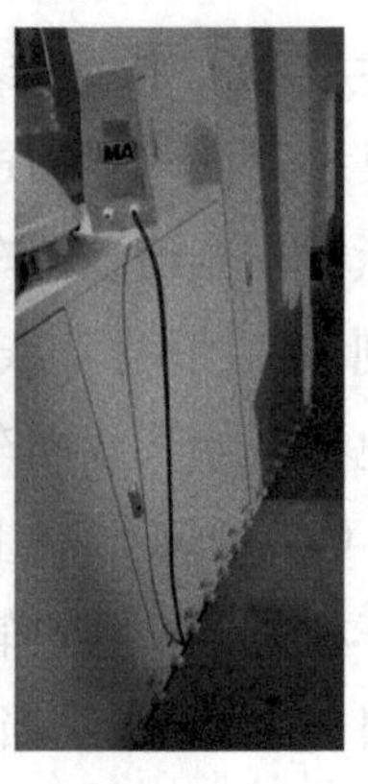

图 5.1-8 一坡三挡自动控制器

5.1.4 使用效果

防护装置 1.9 万元/挡，无其他额外投入。

以某项目有轨运输为例，隧洞长 760.21m，坡度 44%。共设置 4 挡防护装置，共计花费 7.6 万元，由项目机械队加工组装。项目开工至今未发生溜车安全事故，保证了有轨运输安全，避免了因溜车造成人员伤亡带来的经济损失。

5.1.5 改进方向

目前项目矿车常闭挡车栏原材使用槽钢，重量较大，安装不便，运行时对防护装置影响较大。建议防护装置常闭挡车栏采用铝合金材料，重量轻、容易安装，且对顶部横向支撑影响小，节约材料成本（图 5.1-9）。

图 5.1-9 铝合金材料车挡

5.2　有轨运输防溜阻车器

5.2.1　适用范围

适用于盾构隧洞内有轨运输。

5.2.2　成果简介

常规方法：当隧道内发生溜车时，需要人工将阻车器放在钢轨上，若现场没有人，或溜车很快没有人敢去放置阻车器，起不到阻止溜车的作用（图5.2-1）。

图5.2-1　人工放置阻车器

新方法：通过遥控板装置，将安装在轨行区间底部阻车器自动升起安装至钢轨上。针对研制出来的智能遥控阻车器，用于现场进行调试、改进，将遥控器放置于蓄电池（电瓶）车机头司机室，在重车运输过程中让电瓶车司机操作，检验阻车器自动举升至轨道上的反应时间和距离进行调试，达到使用要求。

电动阻车器控制箱内配置见图5.2-2。

图5.2-2　电动阻车器控制箱内配置

5.2.3 具体做法

通过遥控板装置，将安装在轨行区间底部阻车器自动升起安装至钢轨上，电瓶车发生溜车时，电瓶车司机通过驾驶室内遥控器操作，阻车器电动推杆升起于轨道面钢轨上，从而阻止电瓶车再继续向前溜车（图 5.2-3、图 5.2-4）。

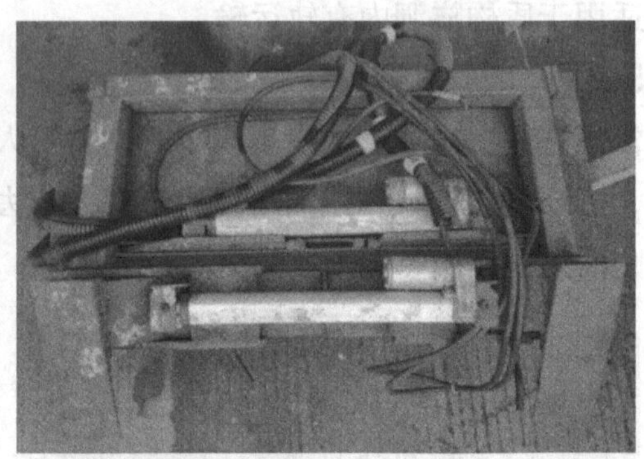

图 5.2-3 电动阻车器

图 5.2-4 遥控阻车器

5.2.4 使用效果

每套“防溜阻车器”防溜遥控装置价格 1万元/台。安装“防溜阻车器”后，通过遥控操作，提高安全性。

5.2.5 改进方向

考虑到电瓶车有轨运输溜车风险较大，设置遥控防溜阻车器能有效避免人员伤害。目前结构尺寸和遥控有效距离需制定相关标准。

例如建议固定手动开关；制定防溜车各项加工尺寸，并根据不同型号遥控器有效使用距离，确定防溜车阻车器设置间距。

5.3 有轨运输机车防疲劳驾驶装置

5.3.1 适用范围

适用于有轨运输，尤其是盾构区间长大坡度水平运输中。

5.3.2 成果简介

常规方法：采用水平运输编组行驶时，并无设置防疲劳功能，当司机麻痹大意时，若长时间未进行任何操作，大概率会发生溜车，溜车后即便司机察觉也只能采用传统的刹车方式进行制动。

新方法：采用“防疲劳”保护，司机在倒计时结束前未进行叫醒操作时触发，达到保护作用。

5.3.3 具体做法

在司机的操作手柄上加装一个按钮装置（图 5.3-1），按钮装置通过电气连接到机车的控制程序内，从而实现按钮装置与机车制动联动的功能，连续 30s 内没有任何换挡或上位机叫醒操作时，即触发防疲劳功能。倒计时 10s 时发出蜂鸣器闪烁并发出警示音，提醒司机按下叫醒按钮（或者手柄前面的按钮），如果倒计时结束前司机没有进行叫醒操作则启动防疲劳功能，机车发出警报并进行紧急制动。待司机意识清醒时，如需恢复行驶，需将手柄置于零挡位，并按下操作台的复位按钮，使系统恢复正常后，即可重新启动机车。

图 5.3-1 “防疲劳”保护装置

5.3.4 使用效果

防疲劳驾驶功能设置简单，其实现方式比较便捷，在司机操作手柄上增加了“叫醒”按钮。不仅操作方便，也极大程度提高了行驶过程的安全系数。

5.3.5 改进方向

（1）制动方式

考虑到“防疲劳”功能是通过紧急制动的方式进行制动，可能会出现车轮抱死的情况，从而导致车轮滑动的情况，而车轮滚动时，对钢轨的黏着力比滑动时对钢轨的黏着力要大得多，因此，机车行驶时，应尽量避免车轮抱死，当察觉到车轮抱死时应迅速松开再重新制动。

行车制动通常采取的最有效方式是踩下脚踏板，间隔 1～2s 后松开脚踏板。再踩下脚踏板，反复几次，并把手制动杆（驻车制动）拨到制动位置。所以，在此基础上建议采用脚刹与“防疲劳”动能联锁的方式实现其作用（图 5.3-2）。

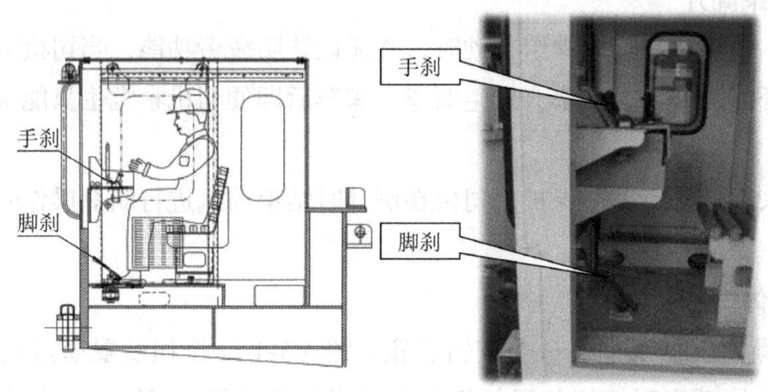

图 5.3-2 行车制动示意图

（2）设备智能化

车辆运行时，司机健康的身体状态起到至关重要的作用，行驶时，通过操作手柄对司机身体的实时状态进行监测，并把监测结果通过网络传输至中控室，起到智能管理的效果。

第6章

其他安全类

6.1 混凝土环梁绳锯切割

6.1.1 适用范围

该工法适用于全明挖、半盖挖及盖挖基坑的混凝土腰梁及支撑快速拆除施工。

6.1.2 成果简介

常规方法：目前国内外明挖竖井或地铁车站混凝土腰梁及支撑拆除普遍使用的方法为人工破除法或静力切割法，均存在拆除速度慢或环境污染大等问题。

新方法：通过提前预埋 PVC（聚氯乙烯）穿绳管及吊钩，可加快混凝土腰梁及支撑拆除速度，采用绳锯切割机切割混凝土腰梁及支撑，可避免机械凿除混凝土时产生的震动对结构产生扰动，技术可靠，同时可减少扬尘及噪声污染，加快施工进度，缩短工期，节约成本。

6.1.3 具体做法

根据履带式起重机性能预先确定混凝土腰梁及支撑拆除分块尺寸及位置，混凝土浇筑前预埋绳锯 PVC 管及吊钩。对应支撑底部结构板强度达到设计要求后，在混凝土腰梁及支撑底部支垫“井”字形枕木，绳锯穿过 PVC 管分段分块切割混凝土结构，随后利用叉车将混凝土块集中堆放至吊装区域，履带式起重机统一吊运至基坑外。

（1）预埋 PVC 管及吊钩：混凝土腰梁及支撑钢筋绑扎完成后，根据腰梁切割时采用的履带式起重机吊装性能、混凝土腰梁及支撑每延米重量，将混凝土腰梁及支撑进行分块（图 6.1-1 和图 6.1-2）。

图 6.1-1 预埋绳锯 PVC 管

图 6.1-2 预埋吊钩

（2）画出分块线：依据采用的履带式起重机性能、混凝土腰梁及支撑每延米重量，将混凝土腰梁及支撑分块后，在腰梁及支撑上将分块线画出，切割时严格按照分块线进行切割，不得私自改变切割混凝土块大小。

（3）枕木支垫：根据混凝土分块重量进行受力计算支垫枕木的尺寸及间距，在混凝土腰梁及支撑切割前，底部支垫“井”字形枕木，防止混凝土块倾斜，可增加其牢固性（图 6.1-3）。

（4）混凝土腰梁及支撑切割：待混凝土腰梁及支撑底部主体结构施工完成且强度达到设计要求后，应按照先切割①混凝土支撑→②角撑→③板撑→④腰梁的顺序进行施工（图 6.1-4）。

施工前，采用 2 个 M16 膨胀螺栓固定绳锯主脚架及辅助脚架，导向轮安装稳固，且轮的边缘和穿绳孔的中心线对准，以确保切割面的有效切割速度。绳锯长度一般选择被切割体长度的 2～3 倍。

（5）切块吊装及外运：腰梁及支撑的每个分块切割完成后，利用叉车将混凝土块集中堆放至吊装区域，利用分块上预埋吊钩，使用履带式起重机吊装至基坑外（图 6.1-5 和图 6.1-6）。

图 6.1-3　支垫“井”字形枕木

图 6.1-4　腰梁绳锯切割

图 6.1-5　叉车配合卸块

图 6.1-6　混凝土吊装

6.1.4　使用效果

针对南昌地铁 4 号线安丰站—东新站区间赣江东岸中间风井基坑围护结构第二道混凝土腰梁及支撑拆除进行分析，基坑围护结构内净空尺寸为28.15m × 21m，第二道支撑为钢筋混凝土腰梁及支撑，其中腰梁长度为94.3m，支撑长度为60m。若采用人工 + 机械破除混凝土腰梁及支撑，拆除成本约为12.88万元，机械耗油量为1232L，若采用绳锯切割混凝土腰梁及支撑，拆除成本约为 5.11万元，机械耗油量为 1008L，节约成本约 7.77万元，降低成本 60%左右。

6.2 灭火毯保护防止钢筋焊接损坏防水板

6.2.1 适用范围

解决施工现场“钢筋焊接作业易损坏防水板”惯性问题。

6.2.2 成果简介

常规方法：在焊接作业时，采用挡板隔离。

新方法：选用轻便耐用的防火材料作为遮挡，解决小空间内无法对防水板起到隔离保护的问题。

6.2.3 具体做法

（1）陶瓷纤维灭火毯

陶瓷纤维灭火毯耐火温度高，作为隔离材料可有效防止电焊焊渣及焊接时高温破坏防水板（图 6.2-1）。

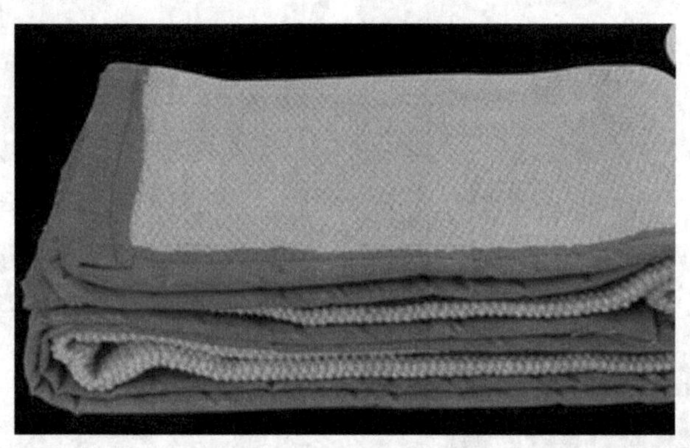

图 6.2-1 陶瓷纤维灭火毯

陶瓷纤维灭火毯质量轻且易折，结构钢筋间距一般在 150～200mm 之间，如结构外侧钢筋施工完成后，需要焊接的部位又没有放入大体积防火材料的条件，可使用陶瓷纤维灭火毯，通过钢筋网的空隙将陶瓷纤维灭火毯塞入钢筋网与防水板之间的空隙中，再从空隙中将防火毯展开，达到电焊作业时保护防水板不被破坏的目的。

（2）石棉硅酸铝陶瓷纤维毯

石棉硅酸铝陶瓷纤维毯耐火温度高，作为隔离材料可有效防止电焊焊渣及焊接时高温破坏防水板（图 6.2-2）。

石棉硅酸铝陶瓷纤维毯具有一定的厚度（10mm 型）且耐折，防火及隔热性均较好，适用于钢筋网绑扎完成后，焊接作业部位存在开口位置，能将石棉硅酸铝陶瓷纤维毯顺着钢筋网与防水板间的空隙放入，硅酸铝陶瓷纤维毯尺寸不宜过大，宽度要小于钢筋垫块间距，方便使用。

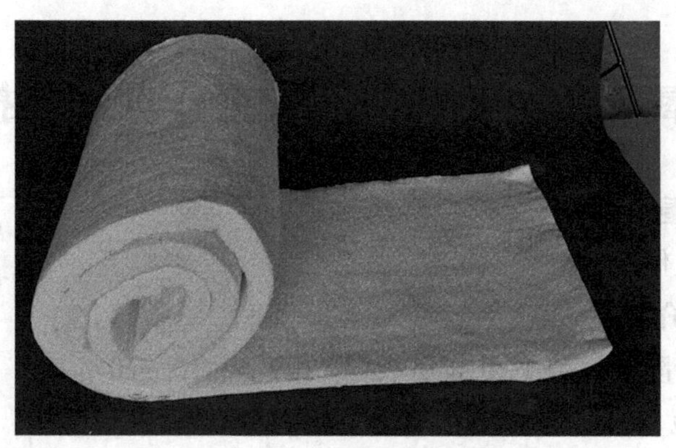

图 6.2-2 石棉硅酸铝陶瓷纤维毯

6.2.4 使用效果

经济投入方面：在投入成本方面此项活动需要投入的人力物力较少，材料为陶瓷纤维灭火毯、石棉硅酸铝陶瓷纤维毯，每张 1m × 1m（3mm 厚）陶瓷纤维灭火毯仅需 60 元，每张石棉硅酸铝陶瓷纤维毯 1m × 0.61m（10mm）仅需 10 元，且材料耐折，使用方便，不易损坏，可反复使用。

管理效能方面：成果执行至今，有效避免了现场防水铺设完成后被烫漏问题，达到防水板安装后不被破坏的目的，保证了防水板质量，减少后期结构渗漏水情况的发生。渗漏水现象减少，后期维修、堵漏成本均减少，变相提高企业收益。

6.2.5 改进方向

寻找防火性和隔热性更好，且柔软、结实的材料，提高材料的周转率，节约成本。

6.3 氧气瓶、乙炔气瓶安全作业距离控制器

6.3.1 适用范围

氧气、乙炔动火作业。

6.3.2 成果简介

根据《建筑设计防火规范（2018 年版）》（GB 50016—2014）第 50 条规定：氧气瓶、乙炔气瓶应分开和垂直放置并有防倒措施，防止不正确使用引起爆炸，使用距离不得小于 5m。

常规方法：在使用氧气、乙炔进行动火作业过程中，按照安全管理要求规定，氧气、乙炔瓶的安全距离需大于 5m 以上方可使用，否则不允许使用。在实际使用过程中，因各种原因影响，导致在安全距离不足 5m 的情况下仍然在使用氧气、乙炔，监管难度较大，造成了较大的安全隐患。

新方法：现采用科技控制技术，在氧气瓶、乙炔气瓶上安装控制器，使得在距离低于 5m 的情况下，氧气、乙炔气路处于关闭的状态无法供气，当距离大于 5m 以上的安全距离时，才能正常通气使用，从而避免安全隐患事故的发生。

6.3.3 具体做法

（1）采用距离传感器，自动探测氧气瓶、乙炔气瓶之间的距离。

（2）设计单片机，在探测到氧气瓶、乙炔瓶之间的距离小于 5m 时，发出气路关闭指令；氧气瓶、乙炔气瓶之间的距离大于 5m 时，发出气路开启指令。

（3）安装电磁阀、电池等装置，用于接收单片机指令，通过电磁阀开启、关闭控制气路的启闭。

6.3.4 使用效果

硬件包括传感器 2 个、蓄电池 2 个、电磁开关 1 套、单片机 1 套以及其他小配件。

安装使用该装置后，可以起到自动开启、切断气路的作用。小于 5m 安全距离时，该装置会自动切断气路；大于 5m 安全距离时，该装置会自动开启气路，从而确保了安全作业要求（图 6.3-1）。

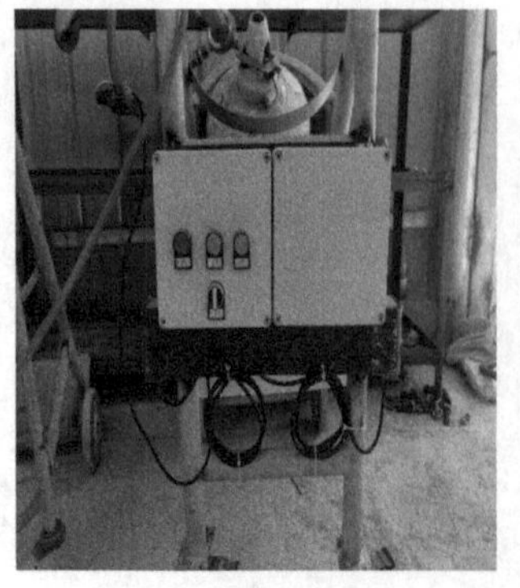

图 6.3-1　氧气瓶、乙炔气瓶安全作业距离控制器

6.3.5　改进方向

优化氧气瓶、乙炔气瓶推车，使其结构耐用，更加轻便。

6.4 实现自动快速收放接管的气割作业配套工艺

6.4.1 适用范围

适用于施工作业现场氧气、乙炔输气管道。

6.4.2 成果简介

常规方法：目前在氧气、乙炔动火作业过程中，均采用橡胶软管作为氧气、乙炔的输气管道。为确保安全距离，作业人员需要连接较长的橡胶软管，存放时，将其缠绕盘卷并拖挂于气瓶或手推车手柄上，在运输和作业过程中易造成损坏，导致管线漏气而存在安全生产隐患；另外，作业人员在使用该设施作业时，通常会因现场作业处置不规范或操作不当，出现乙炔回火风险，一旦发生回火险情，作业人员只能通过对折软管来阻断气流从而阻止事故的发生。这些快速应急处置措施，对作业人员操作水平要求高，增加了现场安全风险和管控难度（图 6.4-1）。

图 6.4-1 传统的氧气、乙炔管缠绕在小推车上

新方法：对氧气瓶、乙炔气瓶输气管道的便捷改装，以卷管器代替氧气、乙炔软管部分，卷管器内设置自动伸缩装置，与输气的塑胶管进行连接，使整个输气管实现收放自如，消除原有软管收存难、易损坏、防护困难等问题。

在卷管器输气管和割枪输气管之间，安装快速接头的插拔装置，消除因现场作业不规范或操作不当造成回火的安全隐患。

6.4.3 具体做法

（1）根据氧气瓶、乙炔气瓶输气排量，确定其管道直径，根据要求于市场中定制相同规格的卷管器，固定安装在氧气瓶、乙炔气瓶手推车支腿上（图 6.4-2）。

（2）根据软管的型号，于市场中定制快速单向插拔接头（为实现快安装和阻止回气情况），安装于已采购的卷管器内置管道端头（图 6.4-3）。

（3）软管与接头连接完成后，将其与气瓶连接，准备肥皂水，开启气瓶阀门，利用肥皂水检测接口及软管是否漏气，检测合格可投入使用。

（4）成本核算，购置卷管器710元/套，需2套，合计金额1420元；快速接头45元/个，需2个，合计金额90元，共计1510元。

图6.4-2　卷管器安装

图6.4-3　快速接头

6.4.4　使用效果

（1）作业过程中氧气、乙炔摆放整齐，软管防护储存良好，为作业人员提供了安全可靠的施工作业环境。

（2）使用过程中，软管收放自如，长度随作业距离及要求可随意调整，不会出现打结、折断、阻气现象，延长了软管的使用寿命及安全系数。

（3）因采用快速接头，作业人员拆卸方便简单，工作效率得到提升（图6.4-4）。

图6.4-4　卷管器实际应用效果

6.4.5　改进方向

增加手推车制动装置。

第2篇

质量及工效篇

第 7 章

桩墙施工质量类

7.1 创新格构地下连续墙双十字穿孔钢板接头施工方法

7.1.1 适用范围

地下连续墙施工。

7.1.2 成果简介

常规方法：常规方法地下连续墙接头效果普遍存在以下情况。

（1）接头刷壁效果差。常用工字钢接头刷（图 7.1-1），地下连续墙接头含泥沙量高，后期基坑开挖易出现接头大面积渗漏水现象（图 7.1-2）。

图 7.1-1 常规方法地下连续墙施工工字钢接头渗漏水

图 7.1-2 双十字穿孔钢板

（2）接头翼板短、抗渗漏水有限。地下连续墙接头起着连接相邻两幅墙的作用，传统工字钢接头不具备较强的增加格构地下连续墙相邻幅整体性的功能且防渗性能有限。

（3）接头自稳性差、受力不均、混凝土绕流。混凝土浇筑过程中，在接头两侧侧向受力不均的情况下，混凝土绕流到下一幅未浇筑地下连续墙，导致混凝土超耗、下一幅地下连续墙下放钢筋笼过程中卡槽。

新方法：采用“双十字穿孔钢板接头施工方法”具有以下优点。

（1）双十字穿孔钢板接头可增加相邻槽段的机械咬合力，使相邻地下连续墙槽段共同承担上部结构的垂直荷载，协调槽段的不均匀沉降，同时由于穿孔钢板增加了渗漏水所需的流水路径，使得穿孔钢板接头亦具备更好的止水性能，增加了地下连续墙接头的抗渗性；此外接头两侧加焊铁皮可以有效控制混凝土绕流（图 7.1-3）。

（2）根据双十字穿孔钢板接头形状研制特制刷壁器，刷壁面上开设有三道钢板刷，三道钢板刷与上一幅已浇筑地下连续墙双十字穿孔钢板接头紧贴，框式箱体的上部设有吊环，吊环拴在机械上使用，可以将刷壁器的钢板紧贴上一幅地下连续墙双十字穿孔钢板接头，来回上下提升将刚性接头上的泥沙、残余柔性填充物清理干净，刷壁效果好（图 7.1-4）。

（3）浇筑水下混凝土前，在下一幅未浇筑槽段下放接头箱，平衡浇筑混凝土对双十字钢板接头施加的侧向压力，能够保证接头受力均衡、浇筑混凝土不绕流。

图 7.1-3　原工字钢刷壁器　　图 7.1-4　特制双十字穿孔钢板接头刷壁器

7.1.3　具体做法

创新格构地下连续墙双十字穿孔钢板接头实施方案系统见图 7.1-5，施工方法流程见图 7.1-6。

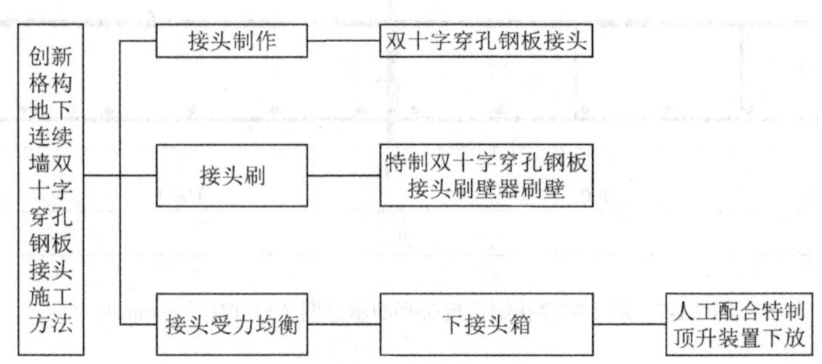

图 7.1-5　实施方案系统图

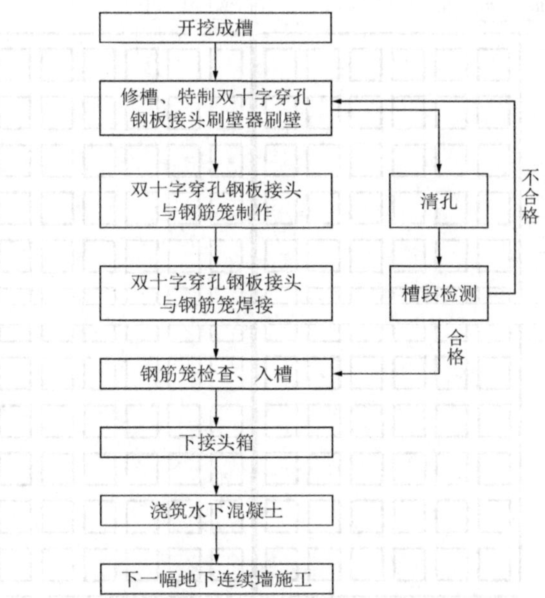

图 7.1-6　创新格构地下连续墙双十字穿孔钢板接头施工方法流程图

（1）双十字穿孔钢板接头制作

双十字穿孔钢板接头隔离钢板长度为 0.9cm，穿孔钢板高度为 1m，材料加工厂按照 40mm × 40mm 设计镂空尺寸在 Q345C 钢板上面进行划线穿孔定位，确定出穿孔的位置，以便后面加工。在材料加工厂加工好的穿孔钢板焊接在 Q235B 隔离钢板事先定好的白线处，采用二氧化碳保护焊与隔离钢板双面满焊，焊缝厚度为 6mm（图 7.1-7～图 7.1-12）。

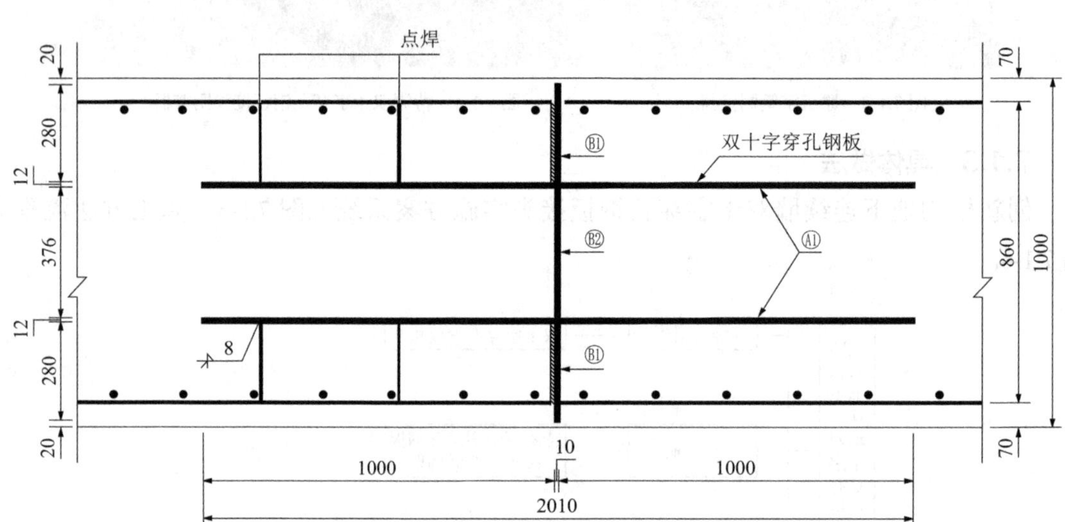

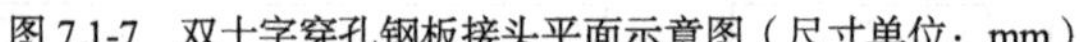
图 7.1-7　双十字穿孔钢板接头平面示意图（尺寸单位：mm）

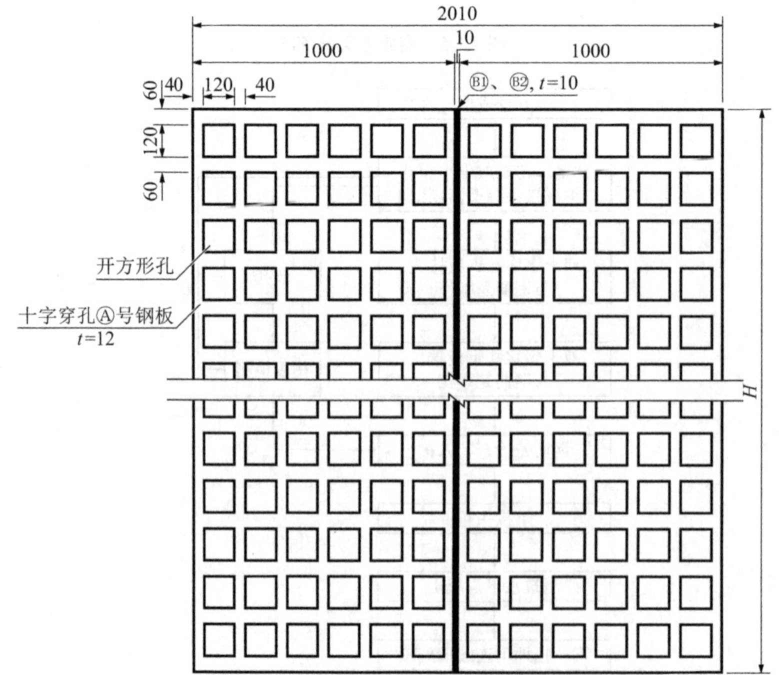

图 7.1-8　穿孔钢板立面示意图（尺寸单位：mm）

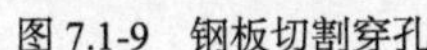

图 7.1-9　钢板切割穿孔

图 7.1-10　切割成品

图 7.1-11　双十字穿孔钢板接头质量检查

图 7.1-12　双十字穿孔钢板接头 + 钢筋笼成品

（2）特制双十字穿孔钢板接头刷壁器刷壁

刷壁器主要由钢框架和刷壁面上一侧的三道钢板组成，刷壁面的背面设有矩形凸肋钢板，其中矩形凸肋钢板与刷壁器中部齐平。三道钢板刷可与接头紧贴，框式箱体的上部设有吊环，吊环拴在冲桩机，上下提升将刚性接头上的泥皮、残余柔性填充物及柔性填充物编织袋清理干净，完成接头刷壁（图 7.1-13 和图 7.1-14）。

图 7.1-13　特制刷壁器 BIM 模型

图 7.1-14　特制刷壁器刷壁

（3）接头箱制作、下放

根据双十字穿孔接头设计尺寸，材料加工厂制作5套接头箱，以保证施工质量，一套接头箱共计18个，一个接头箱长5.6m，宽1m，连接头、连接器通过钢棒嵌套连接成整体，依次下放插入双十字穿孔钢板接头中间及两侧。经实践检验，接头箱在0.5h内下放完成，接头完好，混凝土不绕流，验收合格（图7.1-15～图7.1-19）。

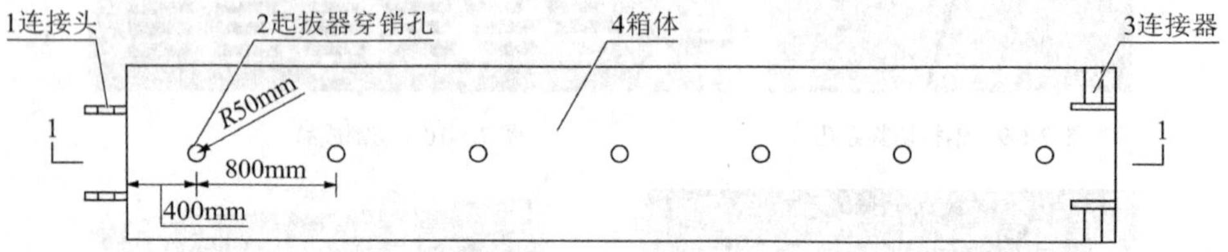

图7.1-15　接头箱平面示意图

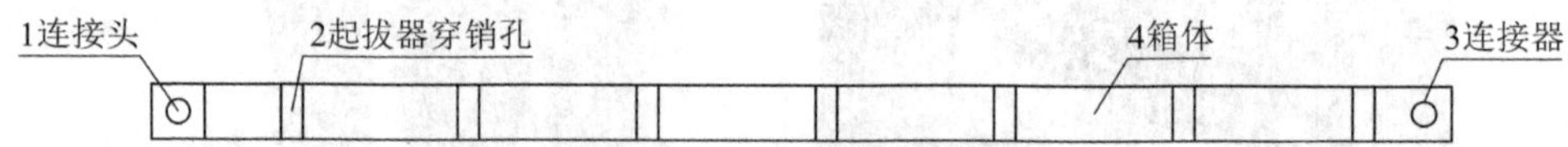

图7.1-16　接头箱剖面示意图

图7.1-17　接头箱

图7.1-18　接头箱下放到双十字穿孔钢板接头中间及两侧

图7.1-19　下放完接头箱

7.1.4 使用效果

每个双十字穿孔钢板接头使用钢材重量为原设计的 50%，节约了大量钢材。以本项目为例：经建设单位、监理、设计、施工四方会议变更，采用双十字穿孔钢板接头施工方法，而建设单位验工计价仍按照原清单不穿孔钢板计价，按照总工程量计算双十字穿孔钢板 Q345C 钢材共计 2485.17t，穿孔后废钢板质量 50% × 2485.17t = 1242.585t，废钢材回收收益为 50% × 2485.17t × 1950 元/10000 元 = 242.3万元。

使用双十字穿孔钢板节约接头止水措施费用，以本项目为例：按原工字钢接头施工，部分基坑开挖处地下连续墙需进行高压旋喷桩止水措施，每处接头节约 3 根双重高压旋喷桩，每根 24m，共计需处理 18 个接头，高压旋喷桩止水帷幕费用 377.11 元 × 3 根 × 24m × 18 个/10000 元 = 48.87万元，节约费用 48.87万元。

合计节约成本 291.17万元。而且后期维护成本低，缩短了工期且经济效益高。

7.2 蜂窝破桩法工艺的应用

7.2.1 适用范围

钻孔灌注桩桩头破除。

7.2.2 成果简介

常规方法：采用人工用风镐对桩头进行凿除，混凝土破除后采用挖机将混凝土块清除，在施工过程中对桩基预留承台的钢筋损伤较严重，大部分在破桩的时候将钢筋扭曲，个别钢筋出现开裂及断筋等现象，后期补救难度大，施工速度较慢影响现场进度（图 7.2-1）。

新方法：采用了一种快速无损蜂窝式破桩头工法（简称“蜂窝破桩法”，即桩头钢筋安装复合隔离套管）。

桩头伸入承台内的钢筋笼主筋在每根主筋上套入复合隔离套管，使桩头钢筋与灌注的混凝土之间没有黏结，便于快速进行桩头凿除；复合隔离套管为软质的珍珠海绵保护管（内径 50mm，厚度约 10mm），确保桩头钢筋与灌注的混凝土之间没有黏结且有一定空间（保证主筋与混凝土之间间隙大于 10mm 以上），材质不限；声测管用比其大一号直径的套管隔离。直接用起重机整体垂直吊起移除桩头（好似蜂窝煤）。对桩头顶面进行人工修整后，即进入下道工序施工（图 7.2-2）。

图 7.2-1 桩头凿除

图 7.2-2 快速无损蜂窝式破桩头

7.2.3 具体做法

1）钢筋笼加工

钢筋笼加工制作时，桩头伸入系梁内的每根主筋上套入隔离套管，套管为软质泡沫管，确保桩头钢筋与灌注的混凝土之间没有黏结且有一定空间，材质不限；声测管用比其大一号直径的套管隔离（图 7.2-3）。

2）基坑开挖

桩基混凝土浇筑 7 天后，进行基坑开挖，采用钢板桩支护形式，人工配合清底。基坑四周做好安全防护与警示标识（图 7.2-4 和图 7.2-5）。

图 7.2-3 钢筋笼套管

图 7.2-4 基坑防护

图 7.2-5 人工清底

3）桩头分离

桩头分离沿环切位置，对称水平插打钢楔块，使桩头与桩身分离；利用混凝土抗拉强度极低的特性，通过对称水平插打钢楔块，能较轻松使桩头与桩身分离（图 7.2-6）。

图 7.2-6 环形切缝

4）整体吊装

将桩头捆绑好钢丝绳，经检查符合吊装条件后，直接用起重机整体垂直吊起移除桩头（图 7.2-7）。

图 7.2-7 桩头吊装

5）桩头清理

桩头破除后，复测桩头高程，用高压风枪吹除桩头上散落的碎硝、块，并用清水冲洗桩头，露出桩顶新鲜的碎集料（图 7.2-8）。

图 7.2-8 桩头清理

6）基底整平

把基坑底部的各种杂物及浮土进行人工清理运走，桩基检测合格后开始进行承台施工。

7）蜂窝破桩法工法

原理是钢筋和混凝土分离，在实际施工时应注意以下问题：

（1）包裹钢筋的材料要有一定的厚度，不能太薄，最好采用类似家电、家具的包装材料（本项目使用的是泡沫管，可以尝试其他材料）。

（2）不能绑扎太紧，扎丝卡入螺纹肋内要松紧适度。

（3）吊筋和声测管要包裹好，否则桩头与桩身难分离。

（4）个别桩浇筑混凝土时，泡沫管出现过上浮现象；泡沫管两端需用扎带拉紧，中间保持蓬松。

（5）钢筋笼顶第一环加筋箍不易过高，若箍筋侵入承台范围内将使桩头难以分离。

（6）可以在桩基混凝土浇筑作业时，在桩顶埋设吊筋，便于后期桩头吊出。

7.2.4 使用效果

本项目从工艺和成本方面进行对比分析，得出以下成果：桩头破除工艺、成本对比见表 7.2-1。

表 7.2-1　桩头破除工艺、成本对比表

<table>
<tr><th colspan="2">新旧对比</th><th>传统破桩头工法（七步法）</th><th>蜂窝破桩法工法</th></tr>
<tr><td colspan="2">工艺分析</td><td>1. 施工工效低。
2. 切割完毕后，大块的混凝土要运出基坑很困难。
3. 剥离主筋保护层时易对钢筋造成损坏，引起钢筋弯曲变形，从而降低抗拉强度，接头位置变成薄弱点。
4. 工作环境差。剥离主筋保护层耗时较长，施工时噪声大且粉尘多。
5. 费用较高。桩头处理时间长，造成基坑施工周期长，降水与防护、人工、机械费用高</td><td>1. 保护主筋，无损伤。使主筋与需取除的混凝土间无黏结，整体向上垂直起吊脱离桩身，有效避免桩头处理过程中对钢筋的损伤。
2. 桩头向上整体吊出，减少对桩身混凝土造成冲击或损伤，确保桩基和承台之间的连接。
3. 作业简单，施工效率高。
4. 减少了施工设备的投入，泡沫套管等材料可就地取材，替代品多，能有效降低成本。
5. 施工噪声和粉尘大大降低，施工环境改善，有效保护施工人员的健康。
6. 管理工作加大，需协调管理好钢筋制作班组（安装隔离套管）与钢筋笼下放班组的作业，同时需加强过程中套管的保护</td></tr>
<tr><td rowspan="5">成本分析</td><td>人员</td><td>2 人</td><td>2 人</td></tr>
<tr><td>设备</td><td>25t 起重机、切割机、空压机、汽锤</td><td>25t 起重机、切割机</td></tr>
<tr><td>材料</td><td>—</td><td>泡沫管</td></tr>
<tr><td>工效</td><td>1.5 天/2 根</td><td>0.5 天/2 根</td></tr>
<tr><td>综合单价</td><td>450 元/根</td><td>150 元/根</td></tr>
</table>

7.3　简易装配式地下连续墙接缝刷壁器

7.3.1　适用范围

地下连续墙工字钢接头刷壁。

7.3.2　成果简介

常规方法：目前，大部分地铁车站围护结构均采用地下连续墙，其接头形式多为工字钢接头。地下连续墙工字钢接头刷壁质量的好坏以及刷壁效率的高低直接影响到地下连续墙成墙的效果及施工进度。传统的刷壁器为钢铲型或钢毛刷型刷壁器，单一的钢铲型刷壁器对于细部泥土清理不到位，单一的钢毛刷型刷壁器对于混凝土扰流部位清除困难大，使用两种刷壁器切换使用，工艺工序繁琐，施工效率低。

新方法：为了解决地下连续墙工字钢接头清刷这一施工难题，通过对接头刷壁器进行改进，项目部提出一种钢铲与钢毛刷于一体的刷壁器，通过连接固定在成槽机斗架体的刮泥板外立面上，利用成槽机的斗架体带动固定架实现上下运动，从而对地下连续墙接头面进行清理刷壁，解决了工字钢接头清刷的质量问题，同时减少了工序转换，节约了刷壁时间，提高了施工效率，并取得了良好的经济和技术效益（图 7.3-1）。

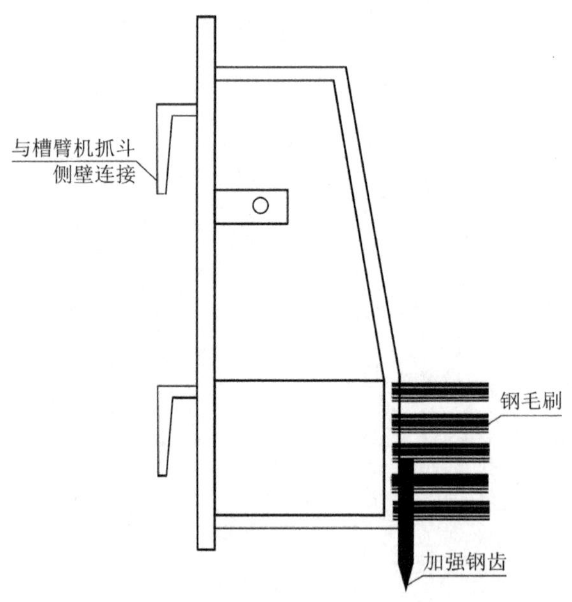

图 7.3-1　简易装配式地下连续墙接缝刷壁器示意图

7.3.3　具体做法

（1）刷壁器制作：根据尺寸对 2cm 厚耐磨钢板进行切割。采用焊接方式进行焊接，确保焊缝焊接满焊，满足焊接规范要求（图 7.3-2）。

（2）钢毛刷制作：钢毛刷采用高碳钢钢丝绳，将钢丝绳切成 15cm 一段。每一段端头都固定一段 4cm 长的钢管，将端头焊接牢固，同时将钢丝绳焊接端打磨光滑。

（3）钢钎头：采购市场成品钢钎头，将钢钎头与刷壁器进行焊接牢固（图 7.3-3）。

（4）刷壁器使用：采用起重机配合将装配式刷壁器背面预留挂钩从成槽机抓斗架体的刮泥板外泄泥孔进行插入，用插销进行固定。通过利用成槽机的斗架体带动刷壁器实现上下运动，从而对地下连续墙接头面进行清理刷壁（图 7.3-4）。

图 7.3-2　装配式刷壁器

图 7.3-3　刷壁器与工字钢接头接触

图 7.3-4　刷壁器使用

7.3.4　使用效果

通过调查，传统刷壁器一幅地下连续墙刷壁平均时间 69min，而采用简易装配式地下连续墙接缝刷壁器一幅地下连续墙刷壁平均时间为 27min，缩短大约 30min 的刷壁时间，提高了工作效率。每个简易装配式地下连续墙刷壁器成本大约为 1000 元，且可反复利用，相比传统刷壁器成本更低，操作更方便。

7.3.5　改进方向

下一步将对刷壁器做出改进，将进一步完善钢钎头样式，尝试使用高强度钢扁铲来代替，以增大刷壁器与工字钢接头接触面积，使清理效果进一步提高。

7.4 “灌无忧”灌注桩超灌管理

7.4.1 适用范围

钻孔灌注桩浇筑，尤其是空桩较长的水中桩及基底抗拔桩或减沉桩中。

7.4.2 成果简介

常规方法：当混凝土即将达到设计高程时，传统的人工使用测绳根据吊锤阻力判断混凝土是否达到设计高程，完全依赖个人经验，存在很大局限性。出现超灌现象，造成了混凝土的浪费，又增加后期桩头破除难度和工程量；出现桩头过低，后续接桩施工不可避免增加承台基坑局部开挖深度，且桩头质量难以保证（图 7.4-1）。

图 7.4-1 桩基混凝土超灌

新方法：采用“灌无忧”灌注超灌控制设备，可准确控制灌注桩桩顶高程，避免桩头过高或过低情况的出现，节约混凝土桩头超灌量及防止桩头过低产生接桩现象（图 7.4-2）。

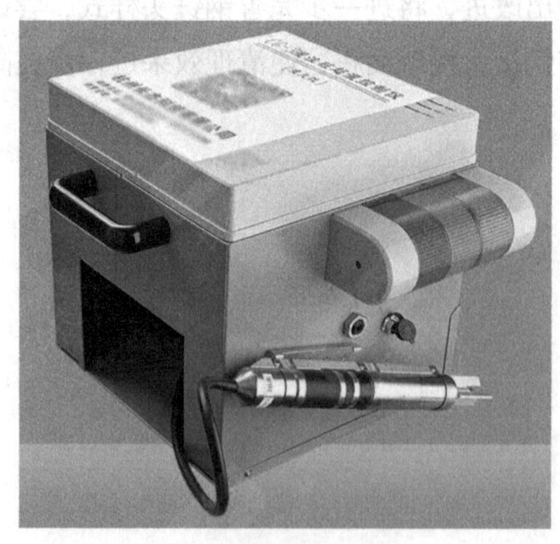

图 7.4-2 “灌无忧”设备

7.4.3 具体做法

利用传感器转子在泥浆、混凝土中转速的差异，从而判断真实混凝土的上升高度。

（1）混凝土传感器标定：因各地地质、水质、混凝土型号和配合比不同，为保障设备精准预报警，项目第一次使用需通过传感器对混凝土进行标定。

（2）传感器安装：将传感器通过支架与钢筋笼固定于高程位置（或者需要停止浇灌的高度），传感器随钢筋笼一同缓慢下放到设计高程位置。

（3）浇筑控制：在浇筑过程中保持设备开机并接通电源，当黄灯亮起：浮浆层到达预定高度，现场可放缓浇灌的速度和量，适当提放料管；绿灯亮起：混凝土到达预定高度，此时可停止浇灌；关机后即可拉住传输线，将传感器拔出；进行清洗以备下次重复使用（图7.4-3～图7.4-6）。

图7.4-3 将传感器置于设计高程位置

图7.4-4 浮浆面到达高程，黄灯预警，放缓浇灌

图7.4-5 混凝土到达高程，绿灯报警停止浇灌

图7.4-6 浇灌后将传感器收回重复使用

7.4.4 使用效果

每套“灌无忧”灌注超灌控制设备，购买价格4.5万元。

以直径为1m的桩为例，每根桩平均超灌1m，每立方混凝土400～500元，平均每千根桩可节约40～70万元（含混凝土浪费费用、敲桩截桩费用、废料处理费用）。

7.4.5 改进方向

（1）设备轻便化

考虑到目前设备体积是30cm×30cm×30cm，质量9.2kg，且现场技术人员使用后反映设备操作不灵活，不够轻便，把设备轻便化作为一个改进方向。

手（单手）持型接收设备，采用一次性预埋传感器：传感器通过支架与钢筋笼固定于高程位置（或者需要停止浇灌的高度），传感器与接收设备采用插头连接（图 7.4-7 和图 7.4-8）。

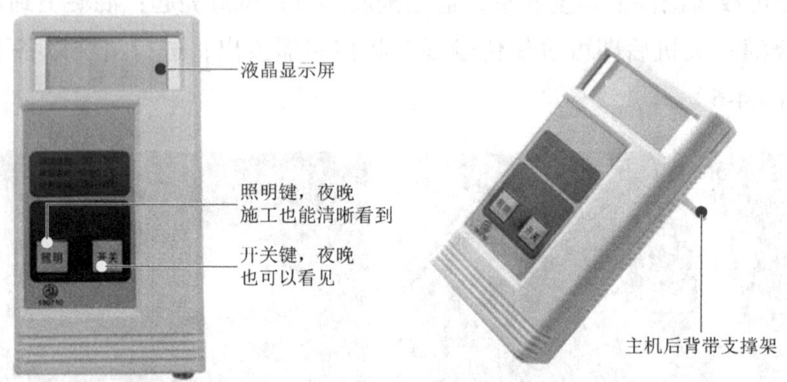

图 7.4-7　手（单手）持型接收设备

图 7.4-8　一次性预埋传感器

（2）设备智能化

针对桩基施工量大的项目，同一时间灌注的桩基根数比较多，单靠有线传感监测，需要配置不止一个监测人员，从而增加人工成本，设备智能化是一个改进方向。

7.5　双轴搅拌桩智能监控系统

7.5.1　应用工序或部位

搅拌桩地基加固施工。

7.5.2　成果简介

常规方法：根据以往搅拌桩施工经验，水泥浆制配时全凭操作人员经验控制，导致水泥浆质量得不到有效保证，进而影响搅拌桩成桩质量。需要人工盯控测量搅拌时间、搅拌深度及垂直度等参数（图 7.5-1）。

图 7.5-1　常规方法

新方法：自动化拌和站后台，施工前预先将水泥浆配置参数通过编程输入后台电脑，从而实现水泥浆液配置自动化，减少因人为因素导致的水泥浆质量问题（图 7.5-2）。

智能搅拌桩监测仪代替传统人工盯控，不仅节约了人工成本，还能够提供全天候智能监测，全程监控成桩搅拌时间、搅拌深度、浆液流量及垂直度等参数，实时控制搅拌桩质量，避免人为因素导致成桩质量问题（图 7.5-3）。

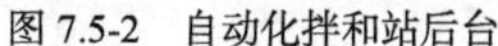

图 7.5-2　自动化拌和站后台

图 7.5-3　智能搅拌桩监测仪

7.5.3　具体做法

为每台搅拌桩机配备自动化拌和站后台，施工前预先将水泥浆配置参数通过编程输入后台电脑，从而实现水泥浆液配置自动化，减少因人为因素导致的水泥浆质量问题，从而达到对搅拌桩成桩质量的精准控制。

安装水泥搅拌桩智能监控系统，系统分为软件部分和硬件部分，硬件部分为实现现场监测的各类仪器，包括记录仪、传感器及相关配件，软件部分由信号接收、数据整理、综合分析、成果反馈等子系统构成，软硬件之间通过无线方式实时连通。整个系统分为四个部分：现场数据采集系统→信号传输系统→监管中心→远程监测客户端（图 7.5-4）。

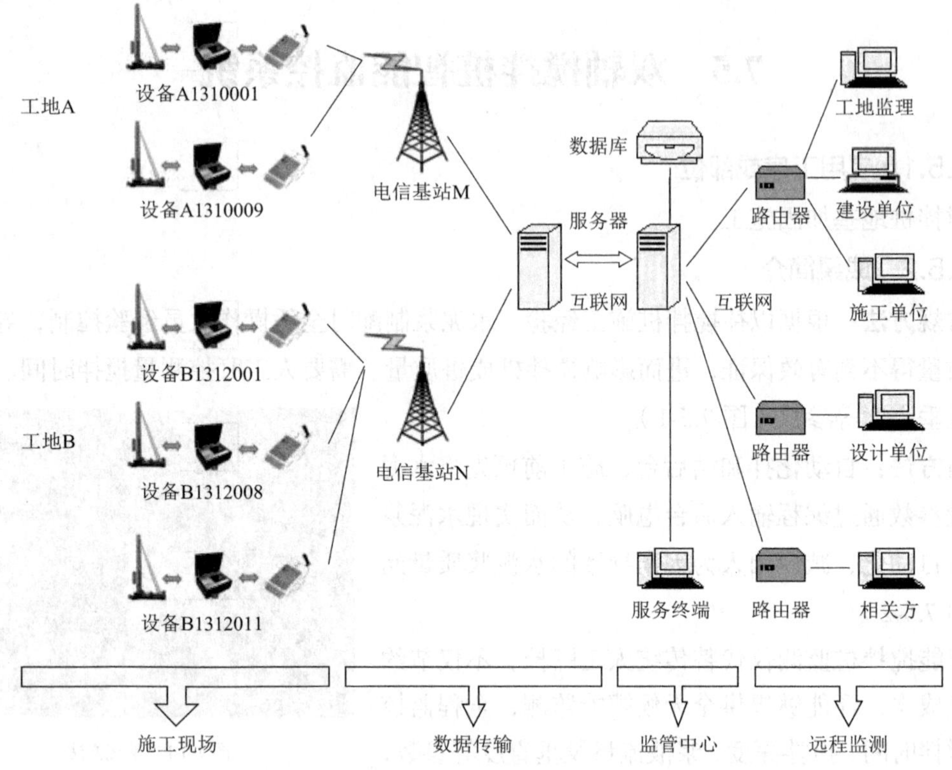

图 7.5-4 智能监控系统

7.5.4 使用效果

（1）搅拌桩智能系统的使用，最终减少水泥超耗 4670.3t，按施工期间平均价格每吨 535.74 元计算，共节约材料成本 250.2万元。

（2）通过智能系统可全程监控成桩搅拌时间、搅拌深度、浆液流量及垂直度等参数，实时控制搅拌桩质量，保障了搅拌桩一次性合格率 100%，同时节约了人工成本约 56万元。

（3）智能系统每套 4.3万元，现场共计 29 台桩机，共计投入 124.7万元。

第8章

隧道施工质量类

8.1 衬砌台车新型高分子堵头板关模

8.1.1 适用范围

隧道衬砌台车混凝土堵头。

8.1.2 成果简介

常规方法：需经常购置原木，木板消耗大，原木重复利用率低，木板逐块拼接，安装时间长，现场加工模板耗时费工，工效较低。木模加工无标准，块间间隙大，跑浆漏浆严重，拆除下部钢板时易造成端头混凝土损坏，稳定性差，易爆模。木模不具自调整型，开挖断面不平顺时，难以准确贴合，断面适应性差，存在爆模风险。对混凝土剩余方量估算不准确，容易造成空洞。

新方法：新型高分子堵头板端头及背面接触部分采用凸凹卡槽连接，接触紧密，没有空隙，解决了常规方法施工缝处易漏浆以及不敢捣固的问题。新型高分子堵头板可透光、透视，通过手电筒的照射，可通过可视化堵头板直接看到混凝土的浇筑情况，也可通过在透明堵头板上安装的具有 Wi-Fi 功能的红外摄像头，通过手机实时监控混凝土浇筑情况，直观、便捷，避免了拱顶未浇注满混凝土形成空洞情况的出现。高分子堵头板重量轻（每块重 1.1～5.25kg），通过对口卡槽顺滑入槽连接、通过可调螺栓进行紧固锁死，操作便捷，可降低劳动强度，提高工效，节约木材，降低成本。

8.1.3 具体做法

利用高分子堵头模板可伸缩性、可视化、轻便及操作简易的特点，配合具有 Wi-Fi 功能的红外摄像头实时监控，达到提高工效，降低成本、减少缺陷的目的。

（1）关模

在台车端头采用定制的高分子堵头模板关模，首先将液压台车端头钢模板就位，通过调整丝杆对其进行加固，再将中埋止水带通过卡具固定在钢模板上，中埋止水带安装完成后开始安装高分子堵头模板，通常先安装可伸缩高分子堵头板，当可调节高分子堵头板厚度不足时可填塞固定厚度的高分子堵头板或橡胶垫板，通过调节可伸缩高分子堵头板的伸缩螺栓加固锁紧。从上到下依次为：橡胶调节垫板、固定厚度的调节垫板、可伸缩堵头板。拱顶采用透明高分子堵头模板，并在透明堵头板网格内安装具有 Wi-Fi 功能的红外摄像头，手机通过应用程序（App）连接具有 Wi-Fi 功能的摄像头，即可实时监控混凝土浇筑情况（图 8.1-1～图 8.1-3）。

图 8.1-1 边墙高分子堵头板安装

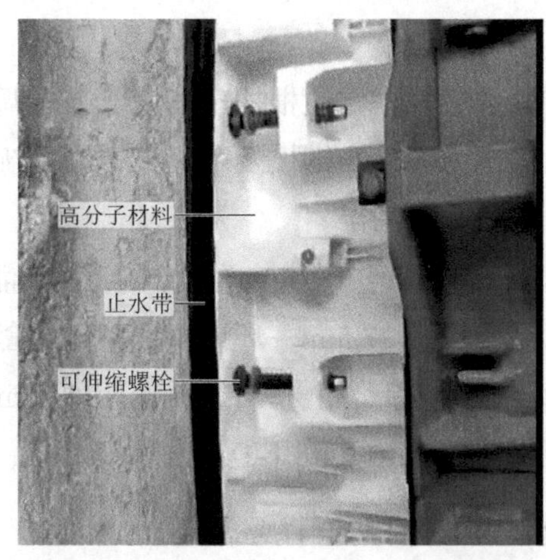

图 8.1-2 堵头板卡槽连接

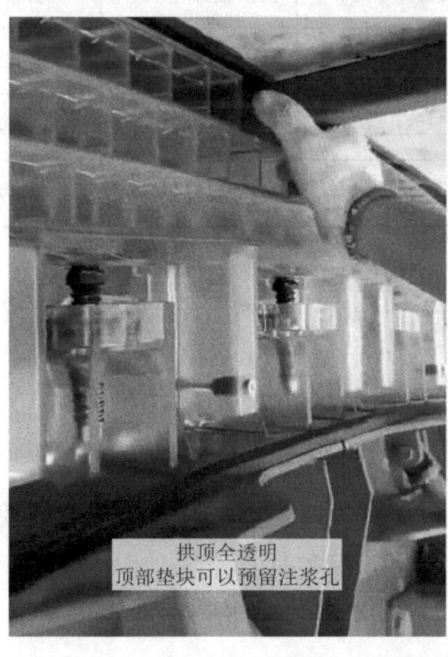

图 8.1-3 安装完成后效果

（2）浇筑过程监控

在衬砌混凝土浇筑至拱顶时，通过手机连接具有 Wi-Fi 功能的红外摄像头，实时关注混凝土浇筑情况（图 8.1-4）。

图 8.1-4 监控录制的浇筑视频截图

8.1.4 使用效果

高分子堵头板由4部分组成，厚度可调节且重量轻，方便根据现场情况进行调整，模板安装及拆除操作简易，效率高。以单洞双线隧道为例，与钢模及木堵头相比，新方法只需熟练工2人，2.5h左右即可完成端头封堵，时间节约一半。

同时高分子堵头板可以反复使用，以西延高铁新延安隧道出口为例，隧道为单洞双线，拱墙中埋止水带位置圆周长度约为27m，考虑富裕量按27.5m一环计算，一环配套新型高分子堵头板含税价格3.2万元（包含摄像头、无线网络等费用），可周转使用1.8km。每组节约人工费、材料费797元，每公里可节约费用6.7万元（表8.1-1）。

表8.1-1 高分子堵头板与木模板费用对比表（每组11.9m衬砌）

项目	材料费（元）	所需人数	人工费（元）	关模板时间（h）	总费用（元）
木模板	540	4	750	5	1290
高分子堵头板	212	2	281.25	2.5	493
费用差	328		468.75	2.5	797

注：1. 按照木板周转次数5次，价格每立方米5000元；
2. 高分子堵头板一套32000元分摊至1.8km衬砌中；
3. 人工费按每人每天300元；
4. 关模板时间根据实际统计。

8.1.5 改进方向

（1）增强具有Wi-Fi功能的红外摄像头的Wi-Fi辐射距离

因具有Wi-Fi功能的红外摄像头Wi-Fi辐射距离有限，距离过远无法实时监控，需安装可连接无线网络的红外摄像头，实现浇筑混凝土的远程实时监控。

（2）改进高分子堵头板的连接方式

改进高分子堵头板的连接方式，进一步提高安装的便捷性。

8.2　人行横洞衬砌台车

8.2.1　适用范围

隧道工程人行横洞（小断面）衬砌，衬砌断面尺寸宽 × 高为 2.2m × 3.2m。

8.2.2　成果简介

常规方法：采用 15cm 宽木板（或钢模板）板块组成衬砌内模面板，加工 4 榀小型拱架作为面板支撑骨架，平均每组长 4.5m，衬砌支模及拆模时间需 2d，支模时间较长人工成本投入加大；木板板块加工容易不达标，板块间隙大且跑漏浆严重，拆模时极易对混凝土面造成破坏；对作为支撑骨架的四榀小型拱架加工精度要求极高，支撑拱架加工弦长或弦高略有偏差将会造成内模面板板块线性不顺直，造成混凝土面平整度差；拆模后木板板块之间均有错台，混凝土面呈多边形形状，造成混凝土外观质量差；木板损耗严重且重复利用率低（图 8.2-1）。

图 8.2-1　人行横洞衬砌模板

新方法：项目自主研发并制作钢模板台车，台车长度为 4.5m，面板采用 5mm 厚钢板制作，每块模板长 1.5m，共由 3 块组成。行走轨道落于人行横洞仰拱混凝土面板上，模板台车主要由型钢作为支撑体系、5mm 钢板作为面板、液压缸为伸缩体系；采用钢模板台车施工可有效提高人行横洞施工效率和安全系数，降低综合成本，有利于推动隧道施工机械化配套的进程和标准化工地建设。

8.2.3　具体做法

根据人行横洞断面设计尺寸，并参考以往衬砌台车结构设计适合项目的人行横洞钢模板台车结构图，根据设计图进行制作并投入使用（图 8.2-2～图 8.2-4）。

（1）台车骨架及面板加工：根据台车设计图纸加工骨架及面板，骨架采用Ⅰ18 双拼工字钢，横梁及立柱之间焊接采用三角钢板加固，上下纵梁采用斜拉型钢固定，骨架片加工时需对垂直度及水平度进行严格控制，面板采用 5mm 钢板，按照放样图进行弯曲加工。采用 1cm 钢板做背肋对面板纵向及环向进行加固，面板加工过程中需勤量测面板平整度、拱部弦高及弦长、边板竖直度等，确保面板结构尺寸符合设计要求。

（2）液压及行走系统安装：在四根型钢立柱外侧安装支撑液压缸，液压缸底端固定于行走电机上，使台车能达到正常升降功能；在顶模横梁处安装水平方向液压缸，使台车模板能够水平移动，便于台车定位及衬砌混凝土施工完毕后正常脱模。

（3）台车骨架与模板固定连接：台车骨架与面板加工完成之后先进行组装，对拱部弧模连接部位进行焊接，两侧边模采用丝杆进行支撑。

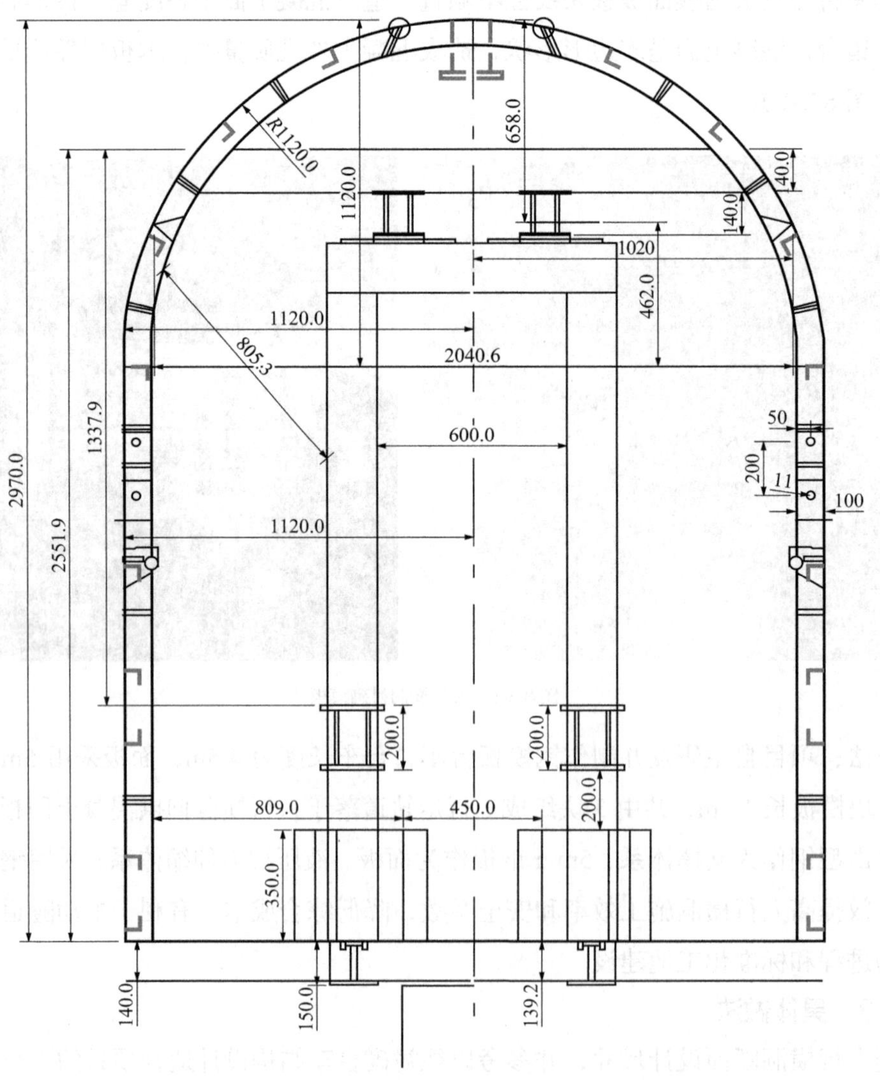

图 8.2-2　模板台车结构设计示意图（尺寸单位：mm）

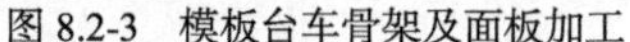

图 8.2-3　模板台车骨架及面板加工

图 8.2-4　钢模板台车投入使用

8.2.4　使用效果

项目自主研发并制作的钢模板台车，投入费用约 4.6万元，平均一组 4.5m 长衬砌支模及拆模时间仅需 5h，支模及拆模时间节约，人工成本投入减少且可以重复利用，较大程度上解决了材料浪费；并较好地解决了混凝土面错台大、板缝漏浆、蜂窝麻面等问题，混凝土浇筑完成后外观质量有很大提高，获得上级主管单位及其他施工单位的一致认可(图 8.2-5)。

图 8.2-5　施工后混凝土外观质量达标

项目共计 4 个人行横洞，总长度 138m，按照每组衬砌施工长度 4.5m 施作，需施作 31 组，共计节约费用 1.7万。对其他项目特长隧道，人行横洞越多节约费用也将随之增多，新旧工艺投入费用对比见表 8.2-1。

表 8.2-1　新旧工艺投入费用对比表

工艺类型	施工组数	材料费（元）	所需人工	关（拆）模时间（h）	人工费（元）	总费用（元）
木板加拱架支撑	31	16260	5	24	1000	65138
钢模板台车	31	45897	2	5	83	48480
费用差		−29637	3	19	917	16658

注：1. 按照木板周转次数 5 次，价格每立方米 2100 元；
2. 人工费按每人每天 200 元；
3. 关（拆）模板时间根据实际统计。

8.2.5　改进方向

目前行走系统采用的是接钢轨的老式方法，现场使用时操作不灵活，轨道极容易出现偏轨的情况，且台车行走时必须另外增加人员去接轨及移动轨道，造成人工上的浪费。

采用新型台车自移式行走系统，只需单人通过遥控器就可以进行台车行走及定位，减少人员投入成本，使台车定位更加便捷，更符合施工机械化及标准化。

8.3　隧道中心水沟自行式模板

8.3.1　适用范围

隧道中心水沟浇筑过程。

8.3.2　成果简介

常规方法：传统施工基本为采用组合钢模板拼装（单块模板长度≤1.5m），施工过程中需植入定位钢筋进行辅助，模板拼装完成后需要再次复测加固，投入的施工人员相对较多，施工效率相对较低。传统钢模板施工中可能会由于支撑加固不到位出现胀模现象，或在模板拆除过程中由于起吊原因对水沟棱角造成碰损，进而影响整体外观质量；拆模后在下组施工前，模板只能堆放于洞内，影响行车安全及整体文明施工形象，且模板长期吊运反复拆装易造成变形，模板使用寿命短；各类工、料、机、安全费用投入整体较大（图 8.3-1）。

图 8.3-1　组合钢模板拼装

新方法：利用纵梁及提吊系统将两侧模板连接在一起，采用电机及减速机构驱动装置自动行走，每台有效施工长度 12m，可多台组合连接同时施工。模板整体支撑与桁架融为一体，立模快捷且定位准确，整体性好，杜绝了模板变形、混凝土胀模等质量通病，中心水沟一次性整体浇筑成形且线形优美；工效提高一倍，降低了劳动强度，原来一个循环基本需要 22h 左右（按每组 24m 计），现在只需要 18h 左右（图 8.3-2）。

图 8.3-2　自行式模板装置

8.3.3　具体做法

面板采用 6mm 钢板，保证自身强度。采用 150mm × 100mm 方钢作为主肋，并用 100mm × 10mm 扁铁辅助。模板强度高，不容易变形，模板表面均经过抛光处理，以保证其施工的水沟表面整体直顺。采用三根 5t 液压千斤顶，可完全实现模板提升，采用 4kW 电机及减速机构驱动行走，实现自动低速行走要求（图 8.3-3～图 8.3-6）。

图 8.3-3　整体钢模板

图 8.3-4　液压提升装置

图 8.3-5　自动行走系统

图 8.3-6　全自动水沟电缆槽台车

8.3.4　使用效果

以汉十铁路五工区丁家营隧道进口中心水沟施工为例，同样施工双侧 24m，较传统施工方法，每循环减少人员投入 2 人，缩减循环时间 4h，约节省人工费 1140 元，平均每延米节省费用 47.5 元。还未考虑拼装模板损耗大等所造成的其他支出费用，以及节省工期而减少的隧道照明及机械配合施工费用。采用该工法后，水沟整体线型顺直，表面光滑无气泡毛边，有效提高了结构的外观质量，减轻了人员劳动强度，减少了成本支出，取得了较好的社会经济效益（图 8.3-7）。

图 8.3-7　使用新方法施工中心水沟的外观

8.3.5　改进方向

目前设备液压提升装置采用液压千斤顶进行模板提升，操作系统智能化程度低，操作不灵便，可把设备提升装置智能化作为一个改进方向。

采用电动液压推杆替换液压千斤顶，实现操作系统智能、轻便化（图 8.3-8）。

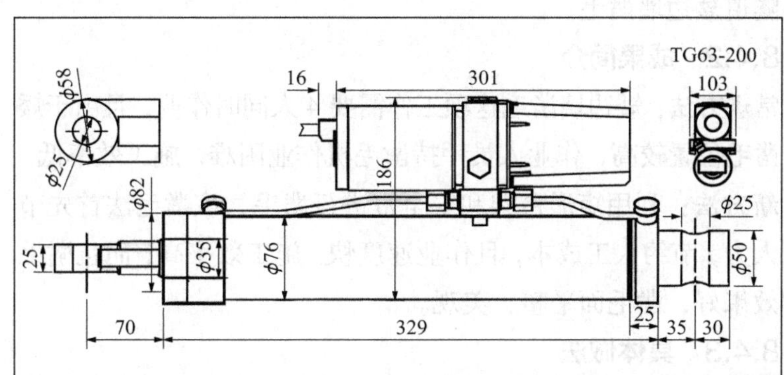

电动液压站规格	TG63-200
电压	DC24V/48V
功率	800W
行程	200mm
顶升力	4.5t
缩回力	2.8t
上升速度	6～7mm/s
工作温度	-20°C～60°C
使用频率	长期连续使用不超过6分钟
防水等级	IPX6

图 8.3-8　电动液压推杆产品（尺寸单位：mm）

8.4 隧道矮边墙支架快速凿毛

8.4.1 适用范围

隧道矮边墙凿毛。

8.4.2 成果简介

常规方法：矮边墙凿毛这项工作需要 4 人同时作业，且由于矮边墙凿毛位置较高，作业人员手持凿毛机作业困难，施工效率低。

新方法：利用矩形台架和安全带进行凿毛，该凿毛法首先节省了人力，节约人工成本，且作业速度快、施工效率高；而且凿毛后的效果好，凿毛面平整、美观。

8.4.3 具体做法

采用钢管焊接一个矩形台架，台架最高高度为需凿毛区域的 1.5 倍，然后将凿毛机利用安全带悬挂在台架上，由工人手持凿毛机进行凿毛，每完成一处凿毛后，将台架前移即可（图 8.4-1 和图 8.4-2）。

图 8.4-1　矮边墙支架凿毛

图 8.4-2　凿毛效果

8.4.4 使用效果

仅需要使用四根无缝钢管及一根安全带，采用立架式施工后作业人员减少 2 人，施工效率由 4 人两天一板提升为 2 人一天四板，且凿毛效率高质量高。

昌景黄三标一分部共 6 个隧道作业面，每月要施工 40 余组仰拱及二次衬砌，原施工方式 12 人人工成本按每人一天 260 元计算，40 组衬砌需作业 27 天，共计需要 84240 元。采用改进后的方式只需要 6 人共工作 8 天即可完成，共计 12480 元，这样每月节约人工成本 71760 元。

8.4.5 改进方向

凿毛机机器的安全带采用中间打孔的样式，凿毛机高度由安全带控制。

安全带采取中间带孔的样式后，可以由一个人独立操作，无需另一个人在旁边控制安全带。首先调整好高度，由左至右凿毛，待凿毛完成后，调节安全带高度，后由右至左凿毛，循环往复。这样凿毛就可以由一个人完成，相比较可以节省一个人的人工成本，且凿毛速度和质量没有下降。

8.5　盾构始发洞门密封新装置

8.5.1　适用范围

泥水盾构始发洞门密封。

8.5.2　成果简介

常规方法： 常规洞门密封是在洞门预埋钢环上安装帘幕橡胶止水装置。大直径泥水盾构始发时封堵难度大、渗漏风险大。

新方法： 本项目利用加长延伸钢环、洞门刷、帘幕橡胶和密封钢板等组成洞门密封系统。能够使泥水盾构始发迅速建压，保证始发安全，加快始发掘进。

8.5.3　具体做法

（1）延伸钢环

延伸钢环总共两环，长度分别为 1.37m 和 0.44m，延伸钢环内径为 13.8m，分 8 块加工运输，现场拼装，分块之间用 M20 螺栓连接；钢环背部预留注浆孔（下部 16 个，上部 8 个）（图 8.5-1）。

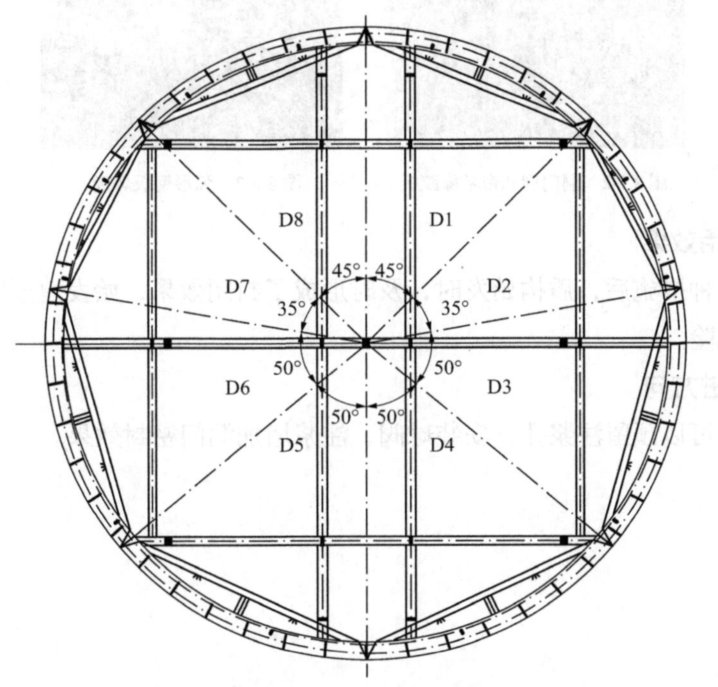

图 8.5-1　洞门钢环加工示意图

（2）洞门刷、帘幕橡胶

在延伸钢环内部安装两道洞门刷，洞门刷焊接在延伸钢环上，洞门刷宽度 0.25m，翻折长度 0.77m，盾构始发前在洞门刷内填塞油脂以增加密封效果。

在第二道延伸钢环两端前后安装两道帘幕橡胶板，帘幕橡胶板用螺栓和折页压板固定，帘幕橡胶板翻折长度为 0.6m（图 8.5-2）。

（3）弧形钢板

由于盾构体通过洞门刷和帘幕时存在空隙，容易漏浆，造成压力不稳；管片生产时，在对应位置的负环管片背部预埋 1cm 厚 0.6m 宽钢板，盾构机盾尾通过延伸钢环边缘时，用弧形钢板将延伸钢环与管片之间的空隙封闭，弧形钢板厚度 1.5cm，外径 6.9m，内径 6.5m，弧形钢板分块加工，现场焊接（图 8.5-3）。

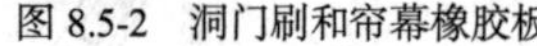

图 8.5-2 洞门刷和帘幕橡胶板

图 8.5-3 弧形钢板焊接

8.5.4 使用效果

采取以上多种措施后，盾构始发时，及时形成了封闭效果，始发建压顺利，避免了始发时洞门渗漏风险。

8.5.5 改进方向

弧形钢板上可以预留注浆孔，安装球阀，注浆增加洞门密封效果。

8.6　盾构隧道混凝土箱体 + 泡沫轻质土接收新方法

8.6.1　适用范围

接收端头地表周边环境复杂，存在重要建（构）筑物，地层较复杂，存在承压水层，容易发生涌水涌砂的地段。

8.6.2　成果简介

常规方法：在地铁建设工程中，普遍采用三轴搅拌桩和旋喷桩对隧道端头土体进行加固处理，用以防止隧道贯通时盾构机脱出过程中出现涌水涌沙进而威胁工程安全。常规方法只适用于正常条件下盾构接收，涉及大型构件的吊装，施工空间要求高，盾构接收全程工期长。

新方法：因为端头地表复杂，没有条件进行常规端头加固。采用混凝土箱体接收，接收过程中不会出现涌水涌砂现象，能够保证施工的安全。富水砂层、承压水层、砂层和接收地面存在重要建（构）筑物等均可以适用，在施工时可不受周边建（构）筑物或环境的影响。混凝土箱体填充介质采用泡沫轻质土，制作时采用现场自拌水泥浆 + 现场生成泡沫 + 外加剂现场泵送的方式，泡沫混凝土具有流动性高（泵送水平距离可达 500m）、无需振捣碾压、可固化自立、耐久性、抗压性、环保性、经济性等特点，且泡沫混凝土 3d 抗压强度为 1MPa，满足盾构机切削要求（图 8.6-1）。

图 8.6-1　混凝土箱体 + 泡沫轻质土接收

8.6.3　具体做法

通过在接收井内施工密闭的混凝土箱体，利用箱体顶板的 2 个预留洞口对箱体内进行泡沫轻质土填充，使盾构机在密闭的箱体内进行接收，保证同步注浆，并及时进行二次注浆，保证洞门封堵效果，防止涌水涌砂现象发生，确保地面沉降可控，防止地面建（构）筑物破坏，确保盾构机安全接收，最后拆除箱体结构，盾构机解体吊出，“混凝土箱体 + 泡沫轻质土”接收 BIM 模型见图 8.6-2。

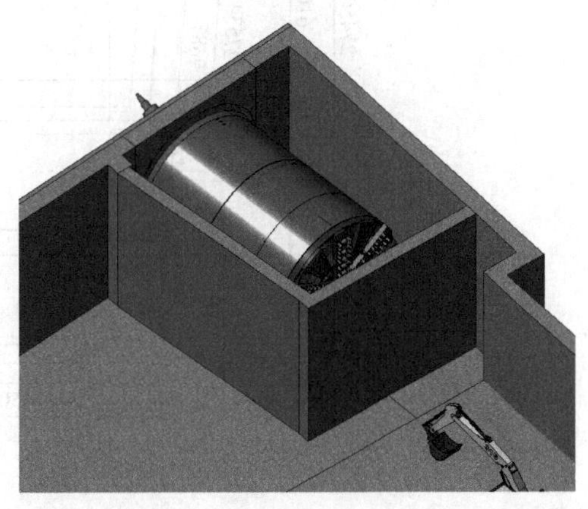

图 8.6-2　“混凝土箱体 + 泡沫轻质土”接收 BIM 模型

（1）混凝土箱体施工

根据盾构机直径 6380mm，主机长 8.84m，车站盾构井结构形式，在盾构接收井内设置混凝土箱体，箱体长 10m，宽 10.11m，按照设计要求，进行混凝土箱体钢筋绑扎、模板安装、混凝土浇筑以及养护（图 8.6-3～图 8.6-6）。

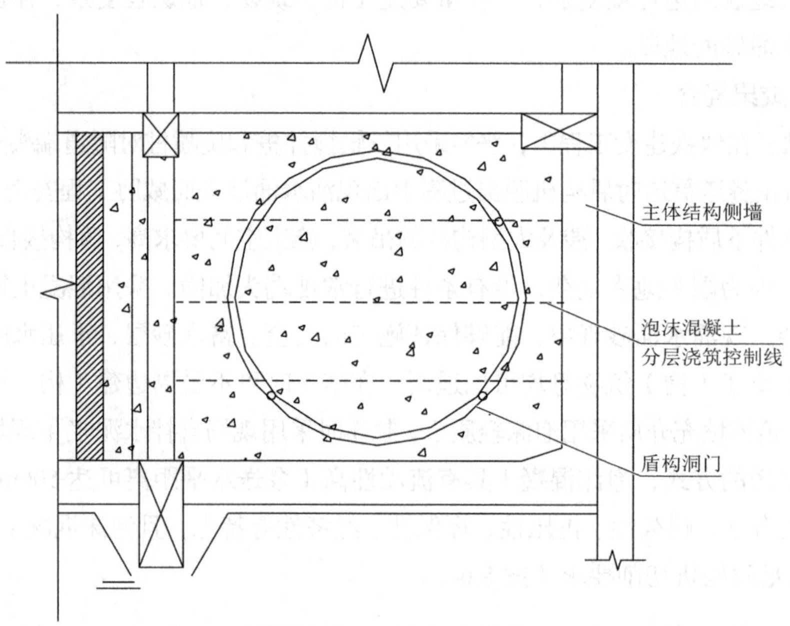

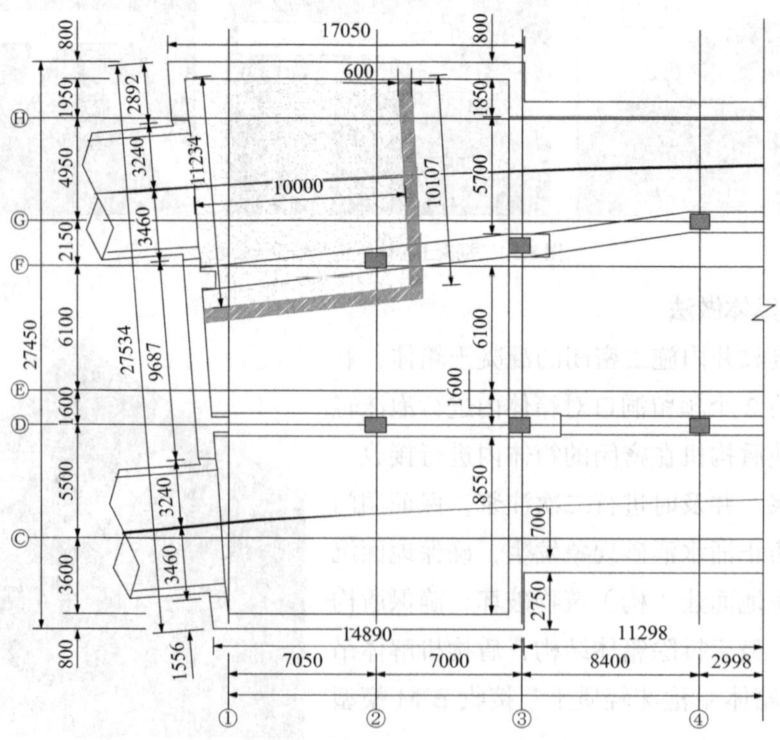

图 8.6-3 混凝土箱体设计示意图（尺寸单位：mm）

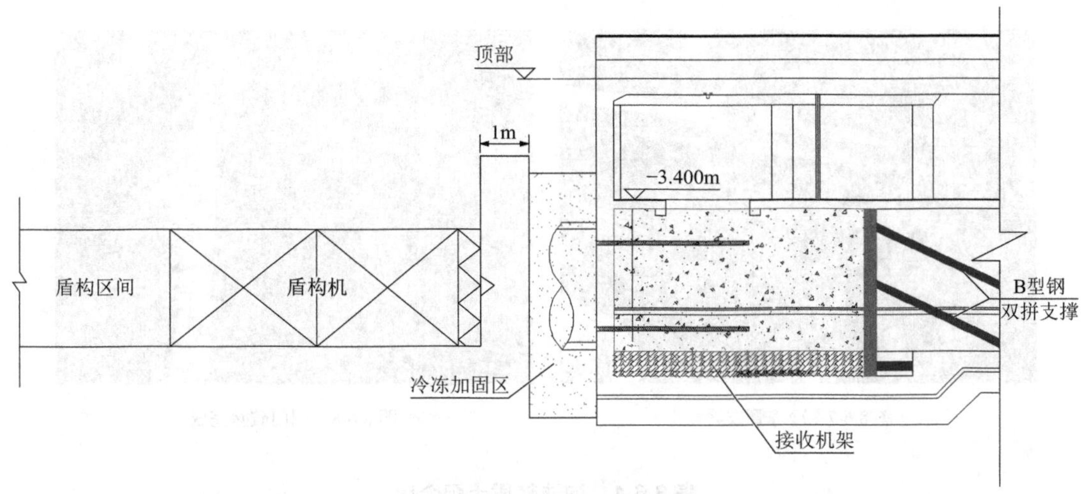

图 8.6-4　相对位置剖面示意图

图 8.6-5　箱体制作

图 8.6-6　箱体浇筑完成

（2）冷冻管拔除以及洞门破除

由于端头不具备加固条件，接收端头外部环境较为复杂，确保盾构安全顺利接收极为重要，如采用水平冷冻进行端头加固，进行混凝土箱体施工的同时就要准备相关设备以及工具。按照预定的工期进行冷冻管拔除，随后立即进行洞门破除，将两项工序的衔接时间控制在 3h 内。冻结指标达到要求，在洞门凿除前，须要在洞门圈范围内合理位置开设一定数量的水平探孔以进一步检验盾构到达正前方土体冻结加固情况。这一阶段的关键是将各工序施工时间压缩到最短，并确保前后两道工序衔接紧密，避免土体温度回升过高从而导致洞门出现渗漏甚至坍塌情况（图 8.6-7 和图 8.6-8）。

（3）泡沫轻质土浇筑

按照设计参数严格控制泡沫轻质土制作质量，泡沫轻质土配合比见表 8.6-1，同时加大流量，将每层浇筑时间控制在 1d 以内，总时长控制在 5d 以内，每层留存 3 组试块进行同条件养护（图 8.6-9～图 8.6-12）。

图 8.6-7　冷冻管拔除

图 8.6-8　洞门破除完成

表 8.6-1　泡沫轻质土配合比

水胶比	水泥（kg/m^2）	水（kg/m^2）	设计湿密度（kg/m^2）	气泡率（%）	备注
0.63	582.8～644.2	367.2～405.8	950～1050	38.8	

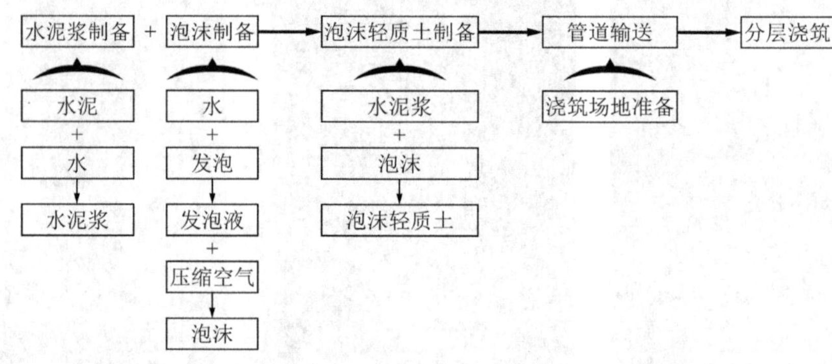

图 8.6-9　泡沫混凝土浇筑流程图

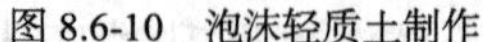
图 8.6-10　泡沫轻质土制作

图 8.6-11　泡沫轻质土浇筑

图 8.6-12　浇筑完成

（4）盾构机推进以及二次注浆加固

在泡沫轻质土浇筑期间保持刀盘每 30min 转动一次，以防盾构机刀盘和管路冻结。泡沫轻质土浇筑完成后，在泡沫轻质土等强期间做好盾构机复推准备，在轻质土强度达到预定强度的 80%时开始推进，同时进行二次注浆，保证管片与土体之间的空隙填充密实，隔断土体中的渗水通道。待泡沫轻质土强度达到设计值后，刀盘进入混凝土箱体开始切削轻质土，后续的管片拼装和二次注浆紧随其后。盾尾脱出侧墙以后立马进行弧形钢板的焊接，将管片与侧墙进行密封，彻底隔断后方土体（图 8.6-13～图 8.6-15）。

图 8.6-13　盾构推进

图 8.6-14　管片拼装

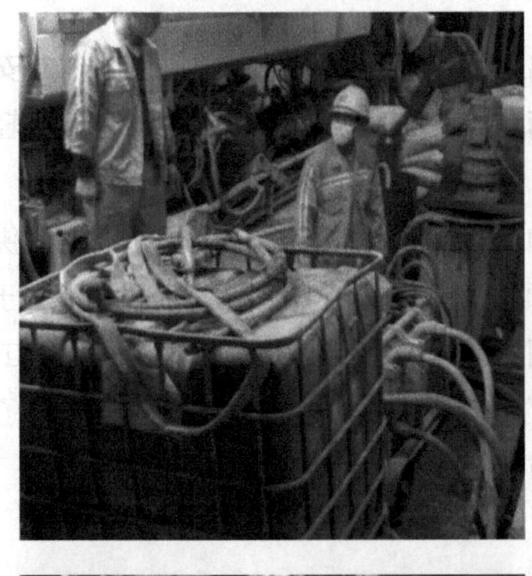

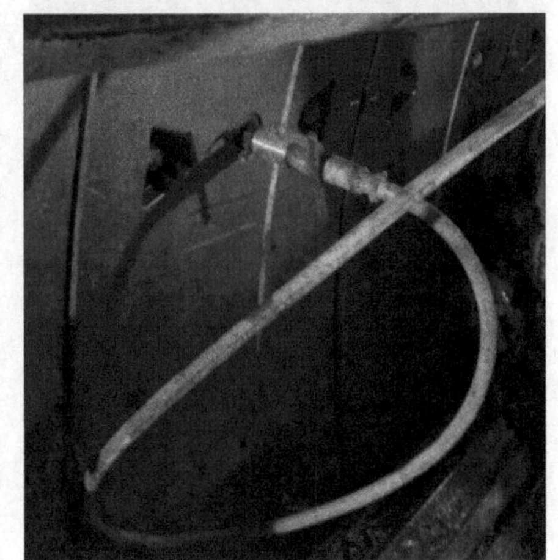

图 8.6-15　二次注浆加固

（5）混凝土箱体破除以及泡沫轻质土清理

盾尾脱出洞门后，对管片进行开孔检查，确定封堵效果后，开始混凝土箱体破除及泡沫轻质土清理（图 8.6-16 和图 8.6-17）。

图 8.6-16　混凝土箱体破除

图 8.6-17　泡沫轻质土及场地清理

8.6.4　使用效果

采用混凝土箱体接收，接收过程中不会出现涌水涌砂现象，能够保证施工的安全性，保证了地面建（构）筑物的安全性。混凝土箱体填充介质采用泡沫混凝土，泡沫轻质土具有经济性、轻质性、整体性、环保性等效益，并缩短了施工时间。

以本项目为例：经测算，本次盾构接收如果采用钢套筒接收，由于施工空间狭小，需要定制特殊的钢套筒构件，且施工周期较长，预计全周期成本 474万元。而采用混凝土箱体＋泡沫轻质土接收的方案可以节约大型构件费用，并缩短工期节约人工费，经过对工序编排优化和技术方案改进，最终实际成本 375.76万元，节约项目成本 98.2万元，实现了良好的经济效果，并顺利完成了与建设单位的立项与变更。

8.7 盾构分体始发掘进管线延长托载装置

8.7.1 适用范围

适用于盾构分体始发掘进的项目。

8.7.2 成果简介

常规方法：在盾构分体始发掘进期间，将盾构机后部延长管线布置在隧道底部两侧的管片上。由于延长管线拖地，导致管线受到更大的拖拉力，易拉断损坏管线，且在延长管线随盾构机掘进同步向前延伸时易向中部滚动，进一步减小了本就狭小的底部空间。另外由于底部有电瓶车、渣斗、行人等通行，导致延长管线极易被碾压、踩踏进而损坏，出现漏电、漏水现象，存在极大的安全隐患。

新方法：本项目利用特制钢片、工字钢滑轨、手推跑车、手拉葫芦和吊带等组成盾构机分体始发掘进管线延长托载装置，将延长管线悬吊在衬砌两侧，不仅有效地保护了管线，而且提高了衬砌底部空间的利用率，保证始发安全，提高始发掘进效率。

8.7.3 具体做法

设计一种盾构机分体始发掘进管线延长托载装置，包括特制钢片、滑动装置（工字钢滑轨＋手推跑车）及悬吊系统（手拉葫芦和吊带）。

（1）特制钢片

特制钢片一端呈半圆形，圆心位置预留有孔洞，以方便通过管片螺栓固定在衬砌上。另一端为斜三角，三角形的斜角角度根据实际衬砌管片与工字钢滑轨相对位置关系测出（图 8.7-1）。

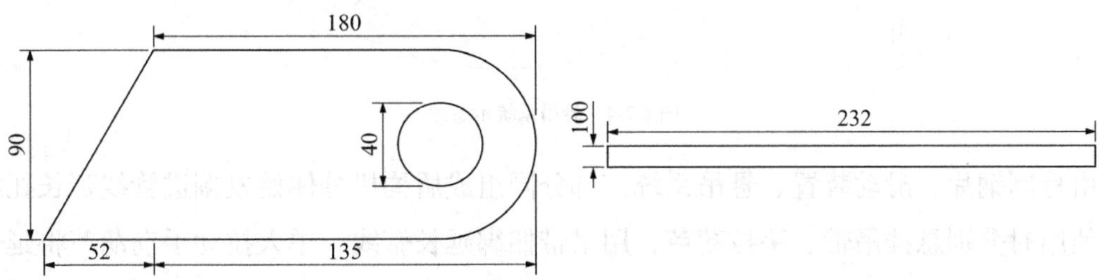

图 8.7-1 特制钢片设计图（尺寸单位：mm）

（2）滑动装置

滑动装置由工字钢与 1t 的手推跑车组成，工字钢滑轨通过与特质钢片的斜边焊接固定在衬砌顶部两侧，手推跑车卡在工字钢滑轨上（图 8.7-2 和图 8.7-3）。

（3）悬吊系统

手推跑车下部吊钩吊着一根吊带，吊带另一端与手拉葫芦连接。手拉葫芦下部吊钩钩住另一根吊带，吊带困住盾构分体始发掘进管线。施工过程中通过人力拉动手拉葫芦链条将管线缓缓悬吊至空中（图 8.7-4）。

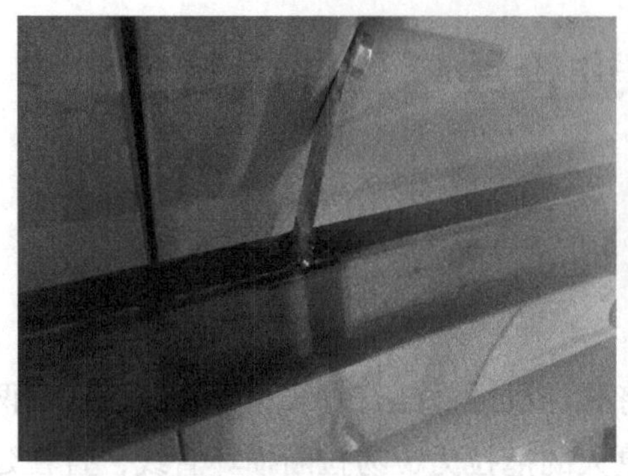
图 8.7-2　工字钢滑轨

图 8.7-3　手推跑车

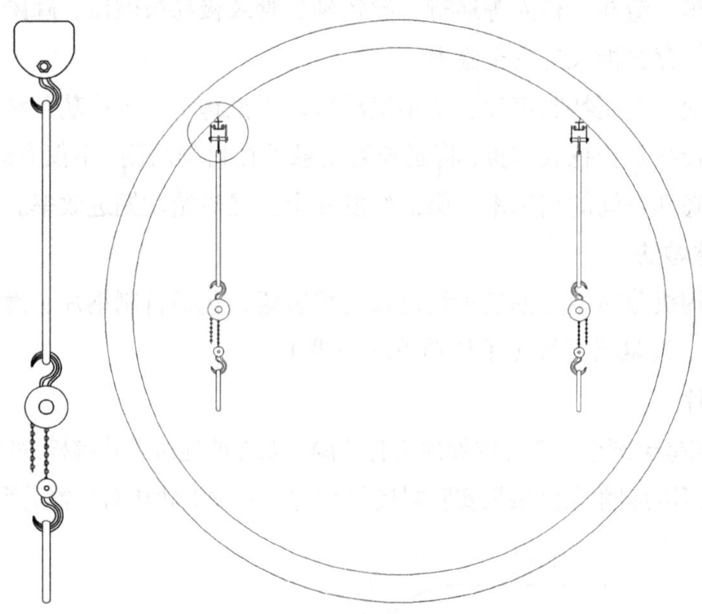
图 8.7-4　悬吊系统示意图

由特制钢片、滑动装置、悬吊系统三部分同组成盾构机分体始发掘进管线延长托载装置。使用时分别悬挂吊带、手拉葫芦，用吊带捆绑延长管线，单人拉动手动葫芦将延长管线吊至半空中（图 8.7-5 和图 8.7-6）。

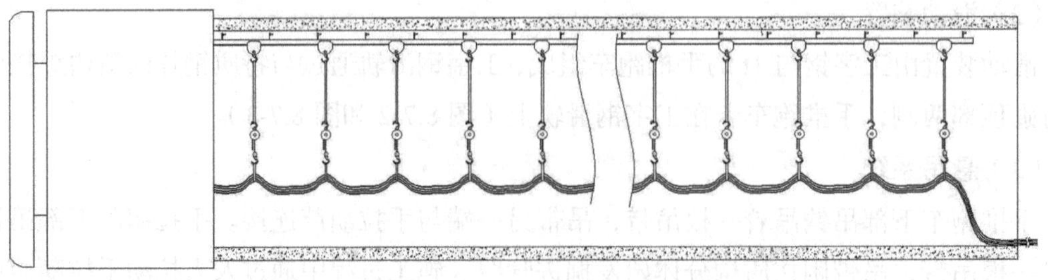
图 8.7-5　盾构机分体始发掘进管线延长托载装置示意图

图 8.7-6　盾构机分体始发掘进管线延长托载装置

8.7.4　使用效果

通过该托载装置能够将盾构机主机尾部的延长管线悬挂起来，避免延长管线拖拽在始发隧洞内地面上，从而在盾构机始发过程中，管线不会被水浸泡、不会被拖拉磨损，也避免管线被工程机械压坏，并且通过将管线悬挂起来，使得始发隧洞内的空间更加有序，避免线管凌乱对施工造成干扰。使用期间节约人工费 80640 元，因始发掘进期减少 3d，节约 96万，拖载装置材料购置费 98450 元，拖载装置加工与安装费 40320 元，共节约 90万左右。

8.7.5　改进方向

由于吊带宽度较小，吊点间距大，在使用吊带悬吊延长管线过程中，延长管线的聚拢效果未达到完美状态。

通过在管线底部增加承托板，并合理布置吊点间距，使管线更好地吊在空中，并通过系统管理与使用，使现场施工更为规范化。

8.8 盾构渣池新型栈道布设

8.8.1 适用范围

市区内临建场地狭小的地铁盾构项目。

8.8.2 成果简介

常规方法：在地铁盾构项目施工过程中，为保证盾构出渣方便，需在渣池内设置挖机栈道，挖机栈道采用工字钢、钢板等材料焊接而成，如渣池较深时，该栈道稳定性较差，需在支撑柱之间设置大量连接支撑及剪刀撑，以保持其稳定性，耗费钢材较多，且部分位置挖斗不能伸入栈道底部进行挖渣，渣坑内有效空间减小，成本较高且不利于节省空间。

新方法：渣池内栈道采用钢筋混凝土浇筑而成，钢筋混凝土立柱刚度大、稳定性好，栈道立柱之间空间较大，可满足挖机挖渣需求，同时在栈桥的布置上考虑挖机作业半径范围，避免存在挖渣死角，提高渣池有效使用空间。且钢筋混凝土栈道较工字钢焊接的栈道成本较少约二分之一，为项目节约了大量施工成本。

8.8.3 具体做法

（1）根据挖机履带宽度确定挖机栈道横梁宽度；根据渣池形状及挖机开挖半径确定栈道设置位置；根据渣池高度确定栈道表面高度，栈道高度应高于渣坑挡墙 20～30cm。

（2）根据挖斗宽度及重量计算栈道横梁尺寸、立柱尺寸及立柱之间的间距、钢筋直径、配筋率等参数。

（3）根据已经确定的栈道立柱位置在底板上进行植筋使栈道立柱与底板连接成整体。

（4）绑扎立柱及横梁钢筋浇筑混凝土，混凝土龄期或检测强度达到要求后方可投入使用。

8.8.4 使用效果

本项目渣坑高度 5.5m，渣坑深度较大，渣池内出渣时，挖斗可伸至栈道立柱之间进行挖渣，提高了渣池有效空间利用率。钢筋混凝土栈道刚度、强度、稳定性较好，满足使用要求。本项目计算工字钢 + 钢板制作成的栈道需成本约 40万元，采用钢筋混凝土施作的栈道成本约 20万元（图 8.8-1 和图 8.8-2）。

图 8.8-1 坑渣施工现场

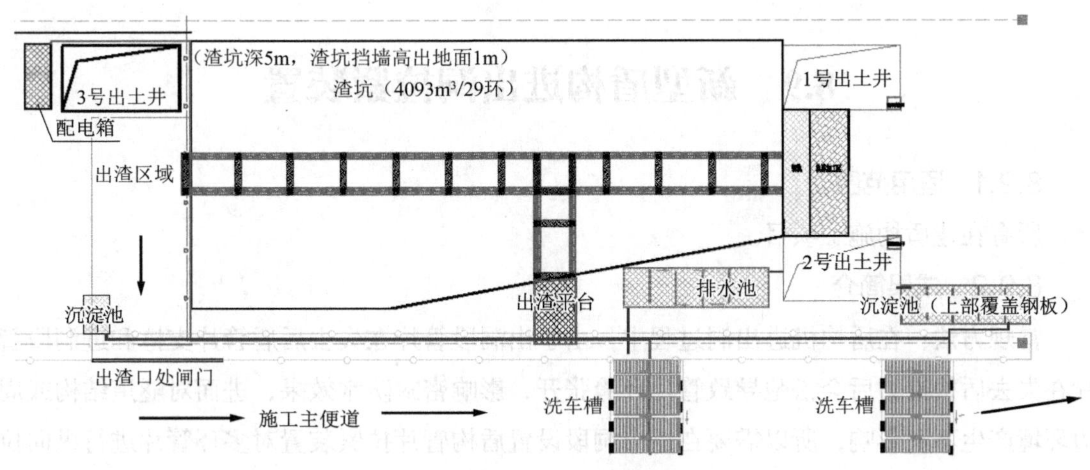

图 8.8-2　坑渣施工流程图

8.8.5 改进方向

因市区内地铁盾构施工临建场地狭小，影响出渣因素较多，挖机出渣速率较慢，可能会影响盾构施工进度。

采用皮带运输挖机配合的方式将渣坑内渣土运输至渣车内，以提高出渣效率，减少因出渣速度慢对施工进度的影响。

8.9 新型盾构进出洞拉紧装置

8.9.1 适用范围

所有在建盾构施工项目。

8.9.2 成果简介

常规方法：在盾构机进出洞过程中，由于出洞段管片在失去后盾管片支撑和进洞段管片在失去盾构推力后会松弛导致管片环缝张开，影响密封防水效果，进而对隧道结构或周边环境产生不利影响，所以需要在进出洞段设置盾构管片拉紧装置对多环管片进行纵向拉紧，并保持到洞门现浇钢筋混凝土达到设计强度。常规做法是通过钢套栓、钢丝绳以及一个拉紧件分别套接在需拉紧的两侧管片的连接螺栓上，钢丝绳的每一端分别与钢套栓固定，拉紧件与钢丝绳的另一端固定并将钢丝绳向内拉拢。传统做法费材费时费力，且施工不便，不能起到预紧作用。

新方法：项目部根据现场实际情况对传统管片拉紧装置进行了改进，特推出一种实用性较好的盾构进出洞拉紧装置。该种进出洞拉紧装置由槽钢、钢板耳扣组成，通过钢板耳扣和管片螺栓将盾构进洞前 10 环或出洞后 10 环管片连接成整体。

8.9.3 具体做法

钢板耳扣焊接在槽钢背部，钢板耳扣和槽钢焊接形成 45°夹角，通过钢板耳扣和管片螺栓将拉紧装置固定到管片上，槽钢之间通过焊接进行连接。拉紧装置共 6 道，分别设置衬砌环 3 点、6 点、8 点、10 点、13 点、16 点位置。盾构进洞前 10 环或出洞后 10 环管片采用增设注浆孔，共 16 个注浆点位，槽钢无需根据避让注浆孔截取所需长度（图 8.9-1）。

图 8.9-1 拉紧装置安装现场

8.9.4 使用效果

通过该种拉紧装置将盾构进洞前 10 环或出洞后 10 环管片连接成整体，提高管片的整体性，防止管片沉降发生位移，保证盾构机顺利始发或接收，降低施工风险；制作工艺简单，施工成本低，安全可靠。

8.9.5 改进方向

盾构进洞前 10 环或出洞后 10 环管片拉紧装置位置提前设置固定件。

盾构进洞前 10 环或出洞后 10 环管片生产时提前预留出拉紧装置位置，在相应位置提前预埋固定件。相邻两个管片固定件之间拉紧槽钢替换设置为连接杆，在两个连接杆之间设置能够调节相邻两管片环间隙的调节组件，以提高拉紧装置对隧道管片环整体拉紧效果，确保管片环的密封防水效果，避免出现管片环松弛现象。

8.10 利用盾构管片预埋槽道安装监测点

8.10.1 适用范围

盾构或TBM管片隧道。

8.10.2 成果简介

常规方法：在地面将监测点提前焊接在螺栓垫片上，然后松开对应位置管片的螺栓，将监测点和垫片进行安装后，再重新拧紧螺栓。此方法加工复杂，安装难度大，反复拆装管片螺栓不利于防水，且一旦损坏恢复复杂（图8.10-1）。

新方法：提供一种新型管片监测点装置，该装置无需拆卸管片螺栓，直接安装在管片槽道上（图8.10-2）。

图8.10-1 常规方法监测装置

图8.10-2 新方法监测装置

8.10.3 具体做法

盾构或TBM管片隧道监测点，由T形螺栓、垫片、螺母、钢板组成。所述T形螺栓用于将监测点固定在管片槽道内；所述垫片和螺母用于夹紧监测点和槽道；所述钢板用于粘贴反光贴。

该盾构或TBM管片隧道监测点中，T形螺栓使用M8mm×30mm成品螺栓，强度等级为8.8级；垫片使用$\phi12$平垫；螺母使用配套M8螺母；钢板厚度为4.0mm，尺寸为长×宽50mm×50mm。所述规格尺寸可根据监测点反光贴大小和槽道尺寸进行动态调整。由于该管片隧道监测点尺寸统一、安装简单，各个构件均可在网上或实体店进行购买，钢板尺寸可按要求进行切割，因此具有较高的互换性（图8.10-3和图8.10-4）。

（1）提前将钢板按所述尺寸切割完成。

（2）将垫片、螺母拧至T形螺栓处。

（3）将加工完成的钢板与T型螺栓丝扣端头用二氧化碳气体保护焊接，T形螺栓的T

形头与钢板呈垂直状。

（4）将加工完成的监测点 T 形螺栓的 T 形头嵌入管片槽道卡槽内，旋转监测点至钢板竖直，然后粘贴反光板，采取初始值（图 8.10-5）。

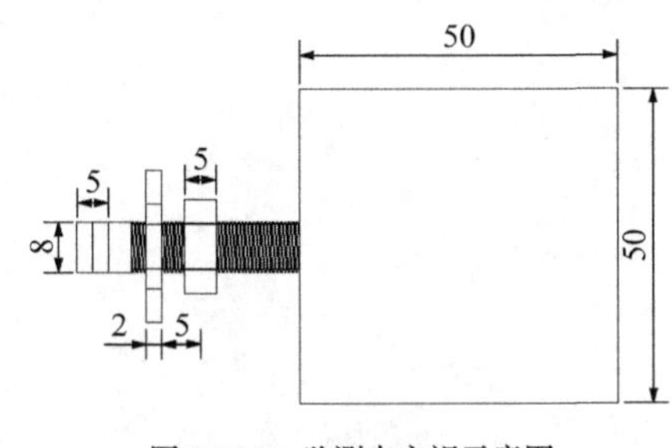

图 8.10-3　监测点主视示意图
（尺寸单位：mm）

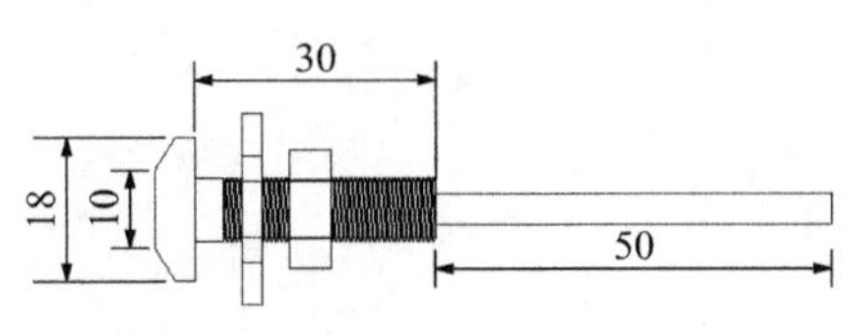

图 8.10-4　监测点俯视示意图
（尺寸单位：mm）

图 8.10-5　监测测点

8.10.4　使用效果

现场采用的盾构或 TBM 管片隧道监测点小巧宜携带，安装简单，不需要拆装管片螺栓，避免了螺栓造成的渗漏水问题。该监测点装置设计简单合理，尺寸统一，美观牢固，成本极低，可重复使用，达到了减少材料消耗，节约成本的效果，且适用性广，推广价值高。

第9章

注浆加固质量类

9.1 盾构区间同步注浆改良施工工艺

9.1.1 适用范围

硬岩富水地层盾构工程壁后注浆。

9.1.2 成果简介

常规方法：随着盾构掘进作业，使用盾构机的同步注浆设备进行同步压注水泥砂浆，填充盾构管片壁后空隙。但在硬岩富水地层中由于地下水的扰动，致使浆液流失，导致同步注浆效果不理想，继而造成管片上浮与渗漏水问题（图 9.1-1 和图 9.1-2）。

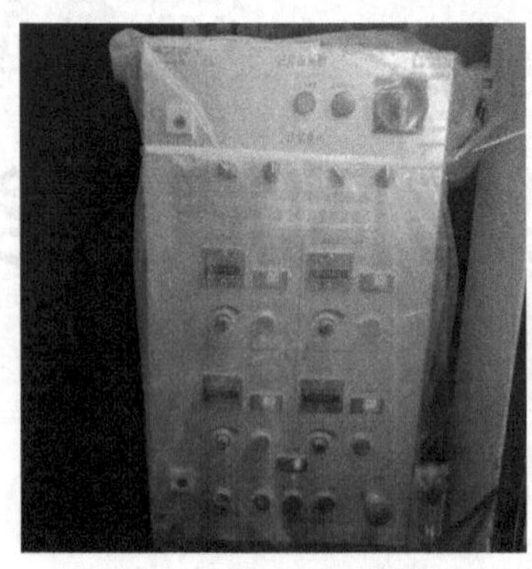

图 9.1-1　同步注浆界面

图 9.1-2　同步注浆设备

新方法：每间隔 10 环左右停机进行集中二次注浆，于盾尾后部形成止水环箍，阻断后方来水，采用水泥浆注浆，同时在盾壳外注聚氨酯，防止浆液向土仓流动，有效保障同步注浆效果及隧道施工质量（图 9.1-3 和图 9.1-4）。

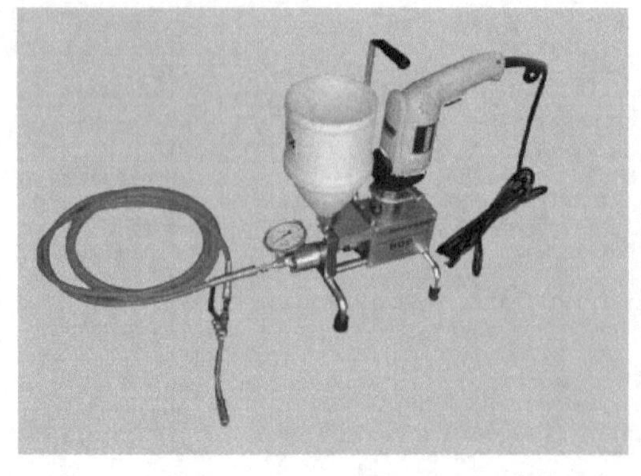

图 9.1-3　中盾聚氨酯注浆设备

图 9.1-4　盾尾施作二次注浆环箍

9.1.3 具体做法

通过盾尾后部二次注浆，形成止水环箍阻断后方来水，在盾壳注聚氨酯，防止浆液向土仓流动，通过改变同步注浆浆液，缩短同步注浆浆液初凝时间，减少浆液流失。

（1）间隔停机注浆：为减小盾构掘进过程中外部地下水的流动对注浆效果的影响，每间隔 10 环左右停机进行集中二次注浆，注浆前在土仓内憋渣，将土仓基本填满渣土，防止浆液流向土仓。利用盾构机二次注浆系统从盾尾及盾尾后管片注入，同时在盾尾后方第10环顶部设置排水孔，起到泄压排水作用。

（2）盾壳外注聚氨酯：在注浆前通过中盾上的盾壳膨润土系统管路向盾壳外注入聚氨酯，主要是上部 4 个孔，每次注入约 20kg，填充盾壳与开挖轮廓之间的间隙，防止浆液向土仓流动，同时避免浆液附着在盾壳外将盾壳抱死，影响再次推进。

（3）改变注浆浆液：注浆采用水泥浆代替砂浆，根据实验水泥浆在水中达到不流动状态约 4h，时间远远短于砂浆，在注浆完毕后等待约 4h 即可继续掘进，在保证注浆效果的前提下缩短了停机等待时间，提高了施工效率（图 9.1-5 和图 9.1-6）。

图 9.1-5　间隔停机注浆

图 9.1-6　盾壳外注聚氨酯

9.1.4　使用效果

每 10 环进行一次盾壳外注聚氨酯，注入聚氨酯 20kg，每环投入成本约 108 元。壁后注浆每环注浆 6m^3，总成本约 1340 元，采用盾构区间同步注浆改良方案比常规方案减少约 40%的浆液损失，节约成本约 536 元，即每环节约成本约 428 元。

通过在盾尾注聚氨酯形成环箍及注纯水泥浆的方法，使得在硬岩下坡地层中浆液无法流到土仓中，提高了浆液的利用率，减少了浆液不必要的浪费，节约了注浆材料；通过对注浆工艺的改良，使得管片壁厚充填饱满，解决富水硬岩地层盾构施工注浆效果差、管片出现大面积渗漏水现象，同时规避后期管片病害。

9.1.5 改进方向

（1）盾构机增加聚氨酯注浆系统

目前盾壳外注入聚氨酯使用的是膨润土系统管路，现场技术人员反映盾壳外注入聚氨酯次数比较频繁，每次盾壳外注入聚氨酯都需准备设备及连接外部管路，现场施工工序较繁琐，设备操作不灵活，因此将在盾构机增加注聚氨酯系统作为一个改进方向。

在盾构机中盾位置增加聚氨酯注浆机及注浆管路，通过传感器将聚氨酯注浆系统数据连接到主机面板，实现系统自动检测、自动启动注浆。

（2）盾构机地层水流量传感自动化设备

硬岩富水地层盾构施工地层中的水流量单靠管片上开孔计算，需配备人员观察统计且无法精确计算，把盾构机增加地层水流量传感设备作为一个创新方向，既能节约人工成本，又能准确监测地层含水率，继而根据含水率大小提前输入匹配试验公式计算的聚氨酯量。

9.2　新型中空锚杆注浆接头

9.2.1　适用范围

适用于中空锚杆注浆作业。

9.2.2　成果简介

常规方法：传统注浆接头均采用一体式接头设计，连接锚杆端采用螺纹连接，连接注浆管端采用快卸接头或金属卡箍与注浆管进行连接固定。

在注浆作业前需先将接头与锚杆或注浆管其中一端连接固定，再进行另一端固定，导致后连接一端操作不便，无法达到完全拧紧贴合状态。如连接注浆管端采用快卸接头连接，一是增加成本，二是快卸接头固定部件易损耗更换率较高同时也增加一处连接缝。以上连接方式都将造成其中一端密闭性差，承压力较低，注浆时还需专人对接头部位手扶固定来增加其密闭性及承压力，长时间大压力注浆易出现漏浆、堵管、爆管等问题，导致注浆质量不达标，材料浪费，存在一定安全隐患（图 9.2-1～图 9.2-7）。

图 9.2-1　普通注浆接头连接注浆过程

图 9.2-2　已安装好的中空锚杆

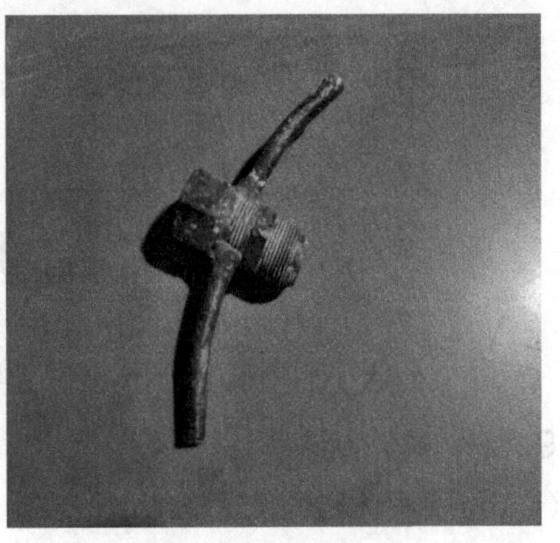

图 9.2-3　普通注浆接头

图 9.2-4　锚杆与注浆接头相连

图 9.2-5　锚杆、注浆接头、注浆管相连

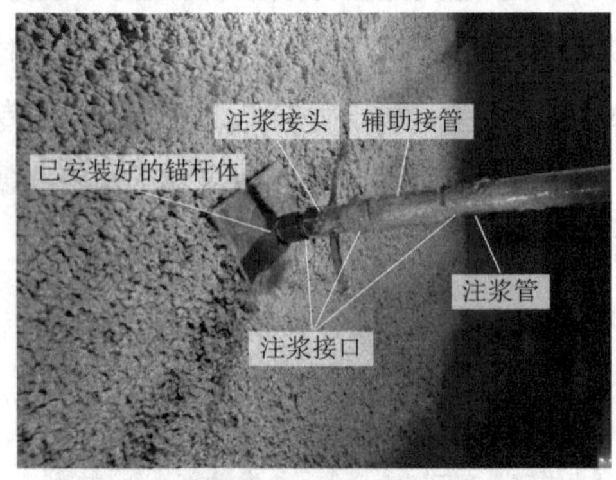

图 9.2-6　连接部位说明

图 9.2-7　注浆过程漏浆部位

新方法：采用新型锚杆注浆接头，可有效解决接头在连接时的操作不便、连接不牢固、杆体间贴合不紧密、承压力较低等问题，有效避免漏浆、堵管、爆管等问题的出现。注浆质量、效率大大提高，同时消除了安全隐患（图 9.2-8）。

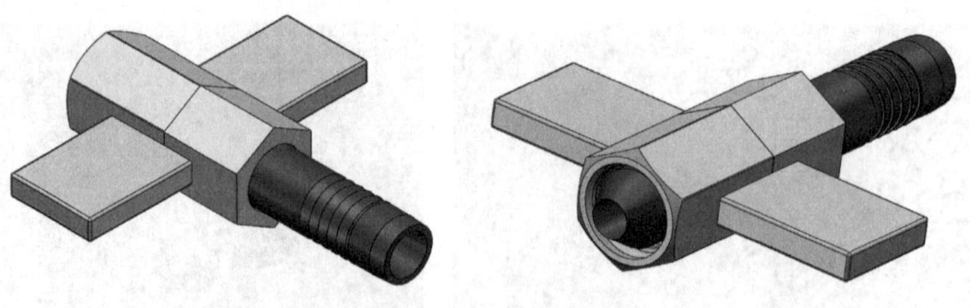

图 9.2-8　新型锚杆注浆接头示意图

9.2.3　具体做法

（1）接头整体结构设计：新型接头由对接螺母和接头杆体两部分组成，接头对接螺母可在杆体前后移动及 360°自由旋转且不会与连接杆主体完全脱离（图 9.2-9）。

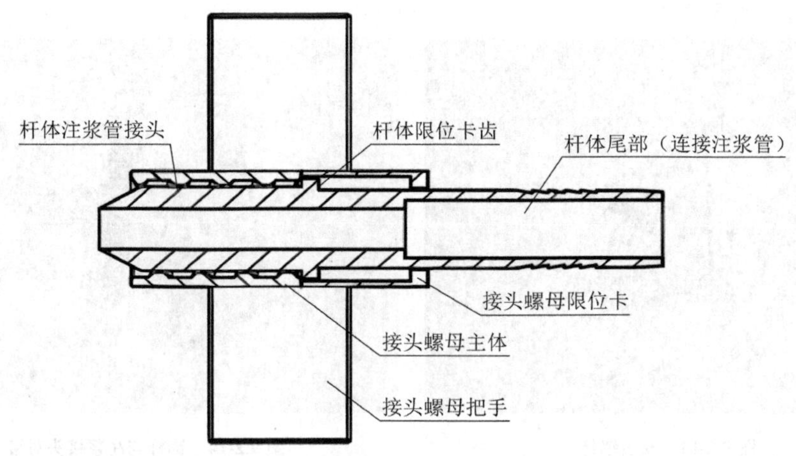

图 9.2-9 新型注浆接头剖面示意图

（2）接头螺母结构：采用外六边形内丝设计，可根据不同直径锚杆制作对应口径。对接操作把手采用矩形设计，徒手安装更便捷省力，也可根据实际需求，借助常规扳手调整松紧度（图 9.2-10）。

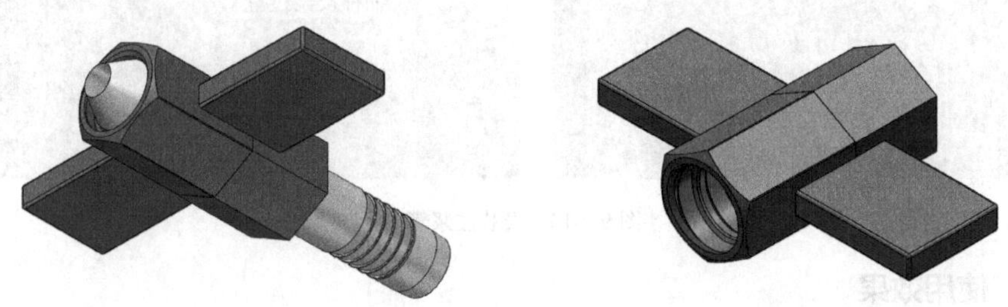

图 9.2-10 接头螺母结构示意图

（3）接头杆体结构：连接锚杆一端采用半球形设计，一是便于快速对接锚杆，二是提高与锚杆内壁的贴合性，密封效果更好。连接注浆输送管一端采用宝塔形杆身设计，与注浆管绑扎连接后大大增强了摩擦力，承压力及连接稳固性提高，安装便捷。

第一次使用操作时，将接头螺母向后滑动，将杆体插入中空锚杆中，手动拧紧接头螺母，也可根据现场实际注浆压力需求借助扳手二次紧固。其次将接头末端与注浆管连接，采用套管卡箍固定并开始试注浆，测试达标后方可进行正式施工。

注浆结束后松动接头螺母使接头与锚杆分离，连接注浆管端不用拆卸即可进入下根锚杆施工（图 9.2-11～图 9.2-15）。

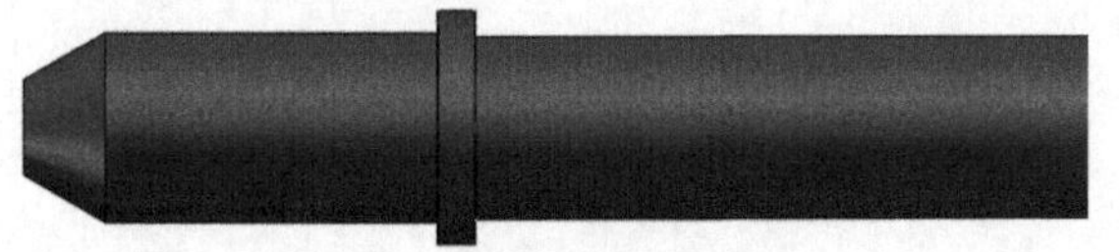

图 9.2-11 连接锚杆端接头示意图

图 9.2-12 连接注浆管端接头示意图

图 9.2-13　安装锚杆

图 9.2-14　锚杆与注浆接头对接

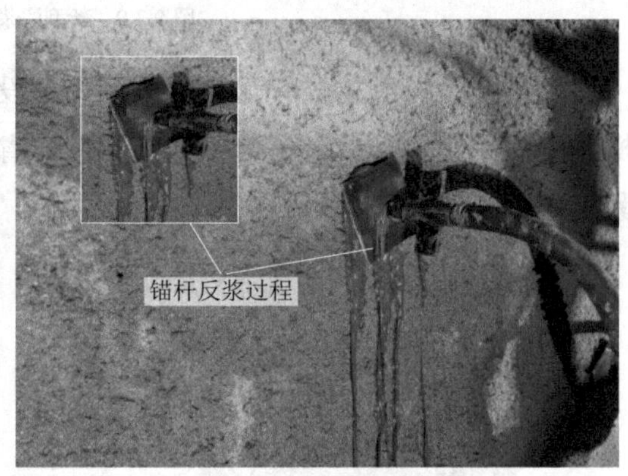

图 9.2-15　安装注浆管

9.2.4　使用效果

每套接头加工成本：接头加工均就地取材，利用成品螺母、钢板边角料进行加工，材料成本约 120 元，加工人员工资 260/天，均为一次性投入，投入成本较低。

采用改进后的注浆接头，提高了中空锚杆注浆的合格率，避免了二次补注，以本项目现场实际情况为例，6m 长锚杆，注浆时间从原先的 50～60s 缩短至 20～30s。水泥用量提高至每 50kg，4～5 根折合每延米节约 1.2kg 水泥。适合注浆范围较大的项目使用，工作效率及材料利用率大幅提高。

9.3　高效抗水分散盾构同步注浆浆液

9.3.1　适用范围

盾构隧道施工新型材料领域，适用于盾构施工的一种高效抗水分散性能同步注浆浆液，广泛应用于城市地下空间及穿江越海隧道的施工中。

9.3.2　成果简介

常规方法：单液砂浆在盾构施工过程中，同步注浆浆液受地下水作用，浆液进入空腔后，迅速被地下水稀释，胶凝材料流失造成浆液初凝时间长，在地下水丰富区域胶凝材料流失加剧造成离析不凝固，无法及时固结在管片周围，造成地表沉降超标、管片不规则浮动、管片错台、椭圆度超标等质量风险。

新方法：在常规方法基础上研制出了适用于盾构施工的一种高效抗水分散性能同步注浆浆液，浆液采取可硬性浆液，成本低廉且凝结时间较短、强度较高；掺入阳离子外加剂，增强初期浆液的抗水分散能力。所调试的浆液具有良好的稳定性、高抗水分散能力、初凝时间较快的特点，能够在盾构掘进过程中减少管片不稳定浮降，快速稳定地层。在孔隙潜水、承压含水层和江河的补给、径流、排泄条件下，保证浆液拥有较小的损失量、凝固后阻止管片上浮，保护管片不受过大的地下水压力，可以有效防止地下水的自流动冲刷，同时浆液凝结过程中体积收缩较小，能增强注浆后地层的稳定性，使隧道掘进具有一定安全和质量保证。

9.3.3　具体做法

适用于盾构施工的一种高效抗水分散性能同步注浆浆液，每立方米所述浆液包含以下组分：水泥、粉煤灰、砂、水、膨润土、膨胀剂和抗水分散性同步注浆剂“抗浮特”。

（1）试验准备，检查试验所需的仪器，确定每种材料的种类和用量，对固体材料进行烘干处理。

（2）称量准备，将水泥、粉煤灰、砂、膨润土、水、膨胀剂和抗浮特外加剂按照配合比称量备用。

（3）根据步骤（2）中称量得到的砂、水泥、粉煤灰、膨润土、抗水分散性同步注浆剂依次加入搅拌机内，搅拌至均匀。

（4）在拌制均匀的固体颗粒中加入提前称量好的水，搅拌 120～180s，直至均匀，得到同步注浆浆液。

（5）对拌制完成的浆液性能进行检测，包括浆液的稠度、抗水分散效果、凝结时间及强度等（图 9.3-1 和图 9.3-2）。

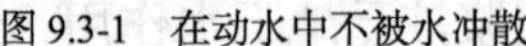

图 9.3-1 在动水中不被水冲散

图 9.3-2 在静水中不分散、不离析

9.3.4 使用效果

（1）在盾构单液浆的基础上加入了膨润土和抗水分散性同步注浆剂“抗浮特”，经过试验调试确定抗浮特型号、钠基膨润土及各材料配比用量。调试完成的同步注浆浆液具有较好的抗水分散性能，流动性良好、泌水率较低、膨胀收缩不明显且凝结时间较短，浆液能较好填充管片与地层孔隙，且在高水压富水地层中不流失，可提高浆液在水中的抗分散性，同时提高浆液硬化后早期强度，满足盾构掘进的浆液输送和注浆要求。

（2）同步注浆施工运用抗水分散性浆液，浆液状态好，注浆压力比同液位泥水压力高0.2～0.5bar，施工过程注浆压力可控，对盾尾止水装置影响小。

（3）浆液具有良好的稳定性、高抗水分散能力、初凝时间较快的特点，能够在盾构掘进过程中减少管片不稳定浮降，快速稳定地层。在孔隙潜水、承压含水层和江河的补给、径流、排泄条件下，保证浆液拥有较小的损失量、凝固后阻止管片上浮，使隧道掘进具有一定安全和质量保证。

（4）项目开展适用于盾构施工的一种高效抗水分散性能同步注浆浆液、一种可定量上料的盾构抗水分散同步注浆制备的装置及方法研究，可为长江盾构穿越工程盾构注浆施工提供优化，同时可为国内类似地层盾构同步注浆材料抗水分散性能及抗浮性能研究与工程应用提供借鉴，项目工研融合，产业落地，将抗水分散性同步注浆剂“抗浮特”设计注册商标成功。

9.3.5 改进方向

项目科研创新研发一种可定量上料的盾构抗水分散同步注浆制备的装置及方法，以解决上述改进方向中提出的问题。该可定量上料的盾构抗水分散同步注浆制备的装置，使用时，首先通过开关控制称重显示器开始工作，称重显示器开始为称重传感器进行供电使得称重传感器处于工作状态，然后依次箱投料仓内添加原料，此时投料仓带动延伸板对称重传感器加重挤压，从而称重显示器开始显示对应投料仓的物料重量，直至达到预计重量，然后通过开关控制电动阀门打开，投料仓内的物料通过出料管和连接管的配合进入到混合桶内，然后通过开关控制第二电机开始工作，第二电机带动转轴转动，转轴带动搅拌臂转动，搅拌臂开始对混合桶内的原料进行混合。减少劳动力，形成自动化生产，质量与效率大幅提高。

9.4 盾构不良地质洞内注浆加固适配器

9.4.1 适用范围

针对盾构区间的不良地质，尤其是地质疏松或软土地层。

9.4.2 成果简介

常规方法：在不良地质的区间内，以设计要求此段区域采用增设注浆孔管片，通过二次注浆方法对增设注浆孔进行补浆，或是通过注浆孔打设注浆钢管注浆，注浆管通常采用无缝钢管，压力控制在 0.3～0.5MPa 之间，扩散半径约 0.5m。这种连接方法基于洞内二次注浆管连接，密封性较差，所以注浆压力只能控制在 0.3～0.5MPa 之间，注浆扩散半径也在 0.5m 左右，在注浆时易漏压漏浆。而且操作繁琐，效率低，一般每天的注浆孔数 7～15 个之间，所以后期的注浆质量效果和注浆效率难以保证（图 9.4-1）。

图 9.4-1 常规方法洞内注浆

新方法：采用自制洞内加固适配器，不仅可以与管片注浆孔紧密连接，而且也与注浆钢管紧密连接，适配器可以多次使用，大幅提高了注浆时的密闭性和稳定性，减少出现漏压和漏浆的现象，且易于操作。从而整体提高了洞内加固的施工效率和质量。

9.4.3 具体做法

内螺纹加工适配器，利用外螺纹和内螺纹式注浆孔，适配器和注浆管三者紧密连接，从而提高了注浆时的密闭性和易用性。

（1）注浆参数和要求：开孔→无缝钢管和螺纹适配器连接→插入无缝钢管和螺纹适配器→开始注浆。

注浆适配器采用内外双螺纹连接，外螺纹与管片注浆孔连接，内螺纹与注浆钢管连接，连接需紧密防止注浆施工中漏压，漏浆。

根据不同的设计要求采用不同注浆液，一般采取 3m 的无缝钢管进行管片背后注浆，注浆采用 1∶1 双液浆，注浆压力可以控制在 0.5～1.1bar。

（2）注浆方法：按照设计要求采用 YT-28 风钻进行钻孔，钻出 3m 深的注浆孔后，采用钻机将 3m 无缝钢管顶进注浆孔内，深孔注浆。在对注浆孔开孔之后，采用螺纹适配器，使无缝钢管连接在螺纹适配器前端，注浆管连接在螺纹适配器末端，然后插入注浆孔内，拧入管片的增设注浆孔，开始洞内注浆，注浆时随时关注注浆压力，当注浆达到要求后停止注浆，之后断开注浆适配器。一般采用水玻璃封孔结束注浆，清洗后可下次重复使用（图 9.4-2～图 9.4-4）。

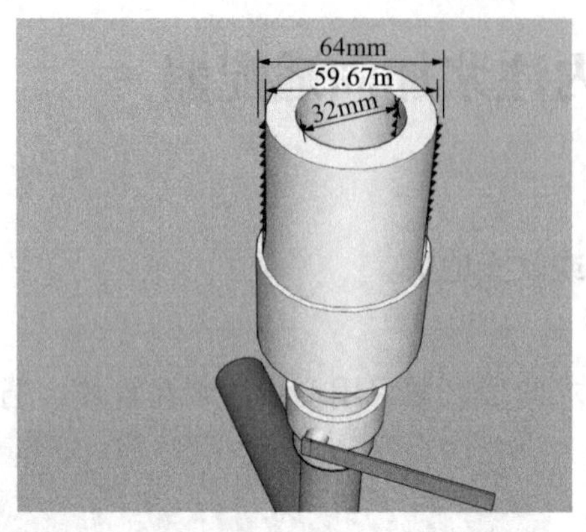

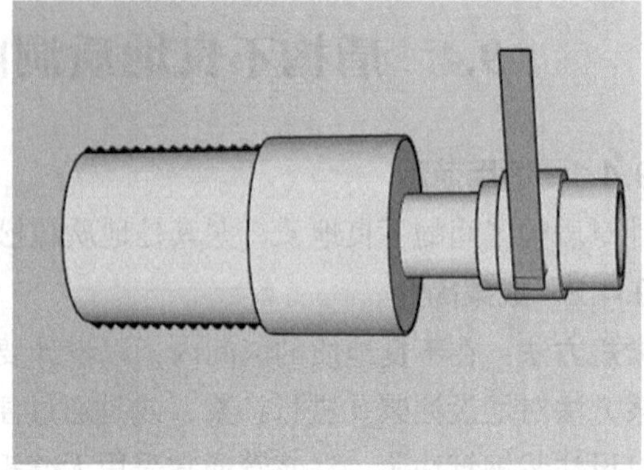

图 9.4-2　适配器设计图

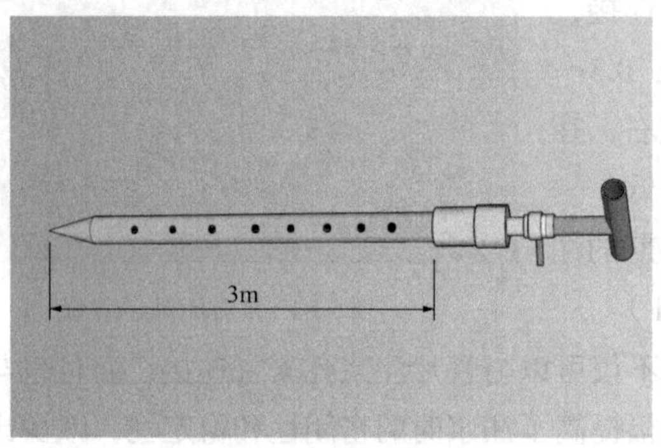

图 9.4-3　无缝注浆钢管设计图

图 9.4-4　适配器洞内加固施工

9.4.4　使用效果

（1）注浆效率

常规方法每个施工班组最多能完成 15 个注浆孔，最少完成 7 个注浆孔，新方法可以最多完成 22 个注浆孔，最少 10 个注浆孔，总注浆孔数比常规方法多 52%（图 10.4-5）。

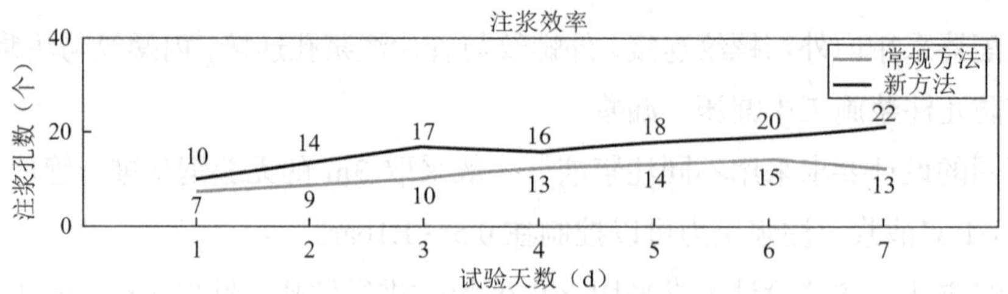

图 9.4-5　注浆效率对比

（2）注浆压力和范围

常规方法因为连接的局限性，注浆压力可以控制在 0.3～0.5MPa 之间，注浆扩散半径约 0.5m，新方法注浆压力可以控制在 0.5～0.1MPa 之间，注浆扩散半径约 0.7m。新方法允许更大注浆压力，也带来了更宽的注浆扩散半径，从而提高了洞内注浆的影响范围（图 9.4-6）。

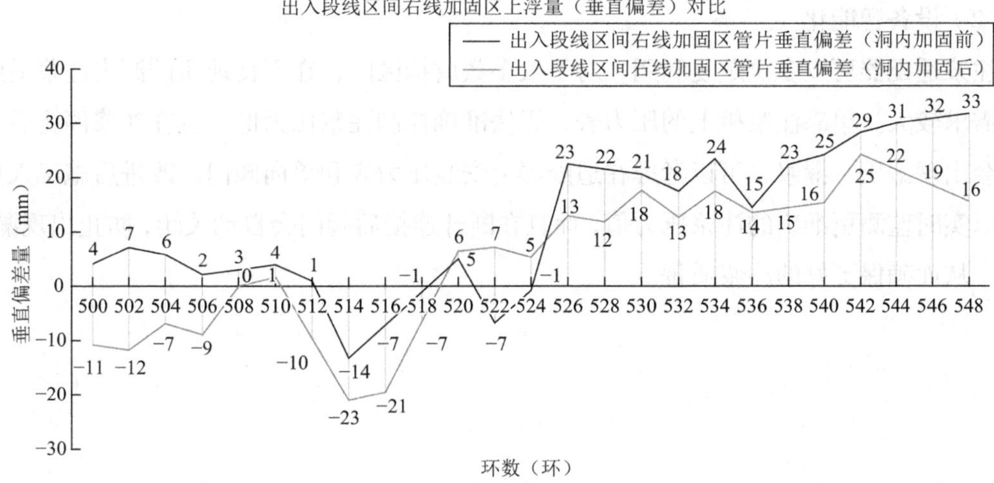

图 9.4-6　注浆效果对比

（3）注浆效果及优点

新方法很大程度上改善了洞内注浆效果，加固区间的管片沉降量、螺纹适配器不仅简化了施工步骤，大幅提高了施工效率（约 52%），而且减少了施工所需要的材料，节省了施工成本，减少了封堵材料和膨胀螺栓的使用以及缩短了洞内加固的施工工期。

9.4.5　改进方向

（1）材质优化，防腐处理

考虑目前适配器原材料使用的是碳钢，未经过防锈和打磨处理，现场技术员反应适配器在经过多次使用后螺纹有变形和生锈情况出现，使用过程中丝螺纹不顺滑，且阀门开关闭合不顺畅，这些点可作为下一步改进方向的依据。

适配器材料可以考虑使用合金钢，这样使适配器具有更高的强度和韧性，之后对适配器进行电镀打磨处理，增强适配器的防锈性能、耐腐蚀性能和表面平滑度。改进适配器开关，采用单向阀门，防止断开连接时出现漏压、漏浆，延长使用寿命（图 9.4-7 和图 9.4-8）。

图 9.4-7　电镀处理后效果

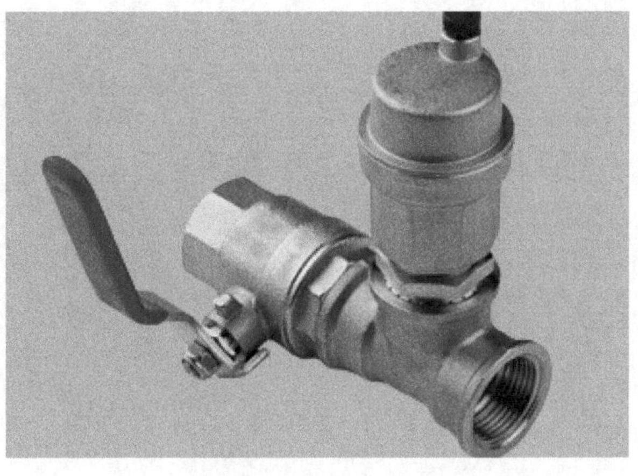

图 9.4-8　单向阀门开关

（2）设备智能化

注浆适配器可以多次重复利用，对于大多数盾构区间，在不良地质的洞内注浆适配器数量需求较大。单靠注浆机上的压力表，无法准确控制注浆压力值，且在注浆停止后，有可能会出现漏压、漏浆，可以考虑在适配器上安装压力表和单向阀门。改进后施工人员不仅可以实时监测更准确的注浆压力值，而且在断开连接后阀门会自动关闭，防止出现漏压、漏浆，从而确保更好的注浆质量。

第10章 质量通病防治类

10.1 预留钢筋防锈处理

10.1.1 适用范围

预留钢筋。

10.1.2 成果简介

常规方法：侧墙预留钢筋施工完成后，只是使用对钢筋丝头佩戴保护帽的方法保护钢筋丝头，钢筋长时间裸露易锈蚀，后期花费大量人力、财力、物力进行钢筋除锈，且部分锈蚀钢筋丝头无法使用，需采用焊接，增加巨额成本，焊接工作量大，工期紧张状态下，焊接质量难以保证（图 10.1-1）。

新方法：先将预留钢筋表面通过钢丝刷清理干净，再通过试验室水泥浆配比试验得出水泥浆最佳配比 1.8：1（水泥浆稠度以易于操作和能包裹钢筋为准），然后用毛刷从根部开始均匀将水泥浆涂刷在预留钢筋表面，最后将涂刷完成的预留钢筋丝头戴帽保护（图 10.1-2）。

图 10.1-1　预留钢筋丝头保护

图 10.1-2　预留钢筋涂刷

10.1.3 具体做法

采用在预留钢筋表面涂刷水泥浆的方式进行防锈处理，既能达到防锈目的，又不影响钢筋与混凝土的黏结力。

（1）技术准备：项目编制科学可行的专项施工方案“预留钢筋防锈处理专项施工方案”和技术交底，将预留钢筋防锈处理施工流程、处理措施、操作要点、检验标准等进行详细说明。同时，组织作业队伍进行安全技术交底及现场实操培训。

（2）水泥浆配合比配置：在项目试验室通过配置不同配合比的水泥浆，测试水泥浆与钢筋的包裹情况及耐久性，最后得出水泥浆最佳配比 1.8：1。

（3）现场做法：先将预留钢筋表面通过钢丝刷清理干净，再用毛刷从根部开始均匀涂刷在预留钢筋表面，最后将涂刷完成的预留钢筋丝头戴帽保护（图 10.1-3）。

图 10.1-3　钢筋保护现场图

10.1.4　使用效果

用普通硅酸盐水泥用水稀释成水泥浆，其他无额外投入。提高预留钢筋的外观质量，节约后期除锈费用。

10.1.5　改进方向

后续会在明挖段主体结构施工时，对预留钢筋表面涂刷水泥浆对钢筋进行保护，需解决雨天的影响和外界因素影响，更好保护好预留钢筋，且更好地做好节约资源。

具体改进方向：通过优化水泥浆配合比，如添加早强剂等解决雨天涂刷影响。

10.2　钢筋间距卡控管理

10.2.1　适用范围

主体结构施工钢筋绑扎工序，结构墙钢筋安装施工过程中的钢筋间距卡控。

10.2.2　成果简介

常规方法：常规内衬墙钢筋间距卡控，经常采用现场画线的形式进行控制。因内衬墙钢筋规格大、质量重，施作过程中，需将钢筋上抬后固定在竖向钢筋上，底部1.5m高度范围内钢筋间距采用划线的方法较易控制，但超过1.5m后，受钢筋自重向上安装较为费力，无法准确固定在已画线位置；且在施工遇到雨期，画线不宜保护，需要重新画线从而造成了额外的工作量（图10.2-1）。

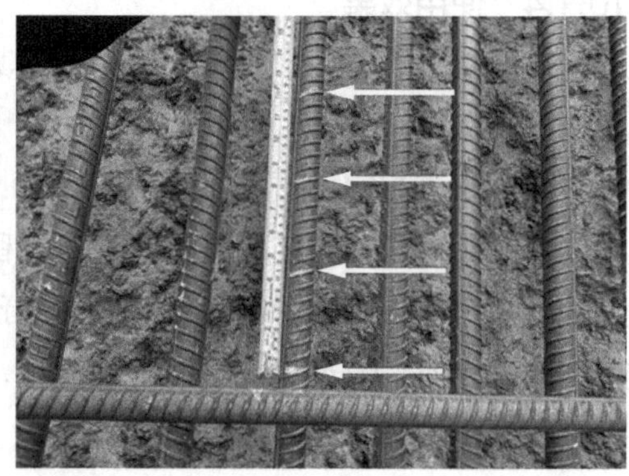

图10.2-1　常规钢筋间距画线卡控方式

新方法：结构墙钢筋绑扎工序施工中，在底部水平钢筋较易安装段完成后，利用钢筋间距卡具，解决钢筋间距不一致等问题，由于卡具长度固定且采用钢筋制作，不仅可以固定钢筋的临时支点，还能有效控制钢筋间距，提高钢筋安装施工效率（图10.2-2）。

图10.2-2　钢筋间距卡具控制方式

10.2.3　具体做法

钢筋间距卡具将水平钢筋常规的竖向画线安装方式改为竖向固定 + 转动形式，省力的同时可以精准地控制钢筋间距，并且可以根据设计间距随时调整长度，设计灵活、加工方便且控制精准。顶部设计的弯钩既可以作为转动过程中的手柄，又可以作为上下层钢筋传递过程中的接力装置，不用的时候直接挂在钢筋上，以免丢失（图 10.2-3）。

（1）底部水平筋定位：竖向钢筋绑扎完成后，用尺量工具标定出下步易安装段的水平筋间距，按照要求进行绑扎或焊接。

（2）钢筋间距卡具定位：底部易安装段的水平筋安装完成后，将钢筋间距卡具放置在已完成安装的最上层水平筋上，通过钢筋间距卡具的固定长度，实现水平筋间距的控制，下一层水平筋安装过程中，顺时针或逆时针转动钢筋间距卡具 180°，实现下一层水平钢筋的间距卡控。

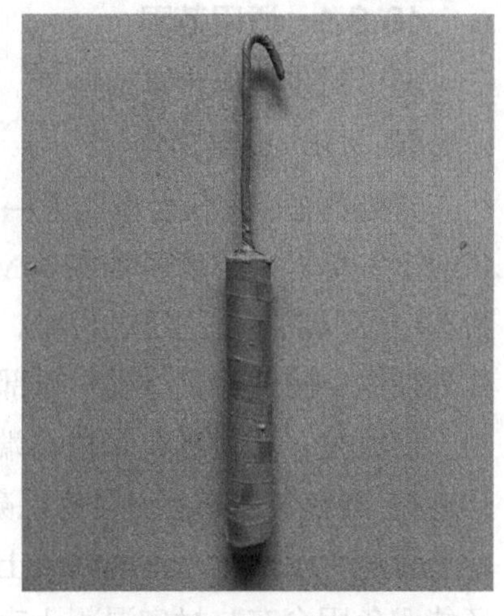

图 10.2-3　钢筋间距卡具实物图

10.2.4　使用效果

由于钢筋间距卡具所需材料尺寸短、轻便且可以直接采用现场钢筋废料或余料制作，无额外投入，基本“零”成本制作。在效益方面可以大大提高施工质量和效率，能够保证钢筋安装工序的验收通过率，具有很大的推广价值。

10.2.5　改进方向

（1）对钢筋间距卡具编号

在内衬墙标准层，由于钢筋设计间距较单一，加工种类少，使用起来较为快捷方便，但对于复杂的洞门墙及底板钢筋，设计间距较多，间距卡尺设计种类多，容易出现错用乱用现象，导致现场返工。

对于钢筋设计间距多的墙体或板，根据设计间距加工后进行编号，施工前进行交底，确保钢筋间距卡具的正确使用。

（2）钢筋间距卡具智能化

对于钢筋设计间距不一致的情况，为减少加工量，同时避免出现错用乱用现场，可对钢筋间距卡具进行电子智能化创新，通过输入钢筋设计间距，启动间距卡尺自动伸缩功能，使其满足钢筋施工间距需求，同时结合钢筋绑扎钩原理，实现钢筋扎丝绑扎功能，满足在各种设计工况下均能推广使用，大大增加其适用性。

10.3 衬砌台车软搭接防裂施工工艺

10.3.1 适用范围

隧道衬砌液压台车搭接处。

10.3.2 成果简介

常规方法：液压台车与上一组衬砌刚性搭接10cm，现场施工进度较快，下一组衬砌施工时上一组衬砌强度通常在10MPa左右，液压台车直接与上一组衬砌刚性搭接在下组衬砌台车定位或混凝土浇筑过程中，搭接部位会因受力挤压容易在施工缝处产生“C”形裂纹，在后期铁路隧道运营过程中拱部容易出现开裂、掉块，造成极大安全隐患。

新方法：在衬砌台车搭接端模板外侧固定一环弹性橡胶垫板，橡胶垫板宽10cm，厚10mm，当台车顶紧上组衬砌混凝土后橡胶垫板厚度可压缩3mm，从而与上组混凝土密贴，此装置避免了台车与拱墙混凝土的刚性搭接，防止台车定位时受力将衬砌搭接处挤压开裂，还能避免因台车与衬砌混凝土表面搭接不密实存在漏浆的现象。同时在搭接端液台车桥主梁上增设防顶裂丝杆，丝杆顶端设置150mm × 150mm × 10mm的钢板，以增加受力面积，钢板顶部设置20mm厚橡胶垫板与混凝土软接触，抵消台车上浮的压力。此装置能有效避免混凝土浇筑过程台车因两端受力不均在搭接处产生不规则裂纹的现象。

10.3.3 具体做法

利用橡胶垫板的可压缩性在台车搭接处布设一环橡胶垫板，利用衬砌混凝土浇筑过程中产生的杠杆原理在液压台车搭接端纵梁上安装防顶裂丝杆。

（1）利用橡胶垫板的可压缩性，在液压台车搭接端安装一环橡胶垫板，先在台车需安装橡胶垫板的部位转孔，然后在橡胶垫板对应的部位转孔，采用螺栓在钻好的孔内将橡胶垫板固定在台车上，此时不能消耗橡胶垫板的变形量。在定位台车时，当橡胶垫板发生变形时，螺栓与其一起移动（图10.3-1）。

（2）利用杠杆原理在液压台车搭接端纵梁上安装防顶裂丝杆，当台车另一端混凝土浇筑量大于搭接端时，防顶裂丝杆受力并传递给顶部橡胶垫板，防止搭接部位直接受力，产生“C”形裂纹（图10.3-2）。

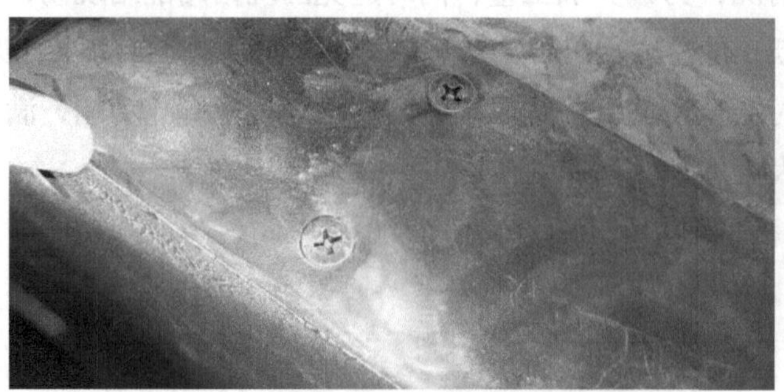

图10.3-1 液压台车搭接端头固定一环橡胶垫板

图10.3-2 安装防顶裂丝杆

10.3.4　使用效果

衬砌台车软搭接装置有效避免了衬砌施工缝位置产生“C”形裂缝和衬砌混凝土浇筑过程漏浆现象，节约了后期治理“C”形裂缝成本，同时也节约了打磨施工缝漏浆的人工成本（图 10.3-3 和图 10.3-4）。衬砌台车软搭接装置可以循环使用，防顶裂装置几乎无损耗，橡胶垫板预估每环 2km 的损耗。防顶裂丝杆每台液压台车配置 2 根，每根约 500 元，共计约 1000 元，橡胶垫块一环约 10000 元，本项目每台液压台车约工作 1.8km，共计增加成本 11000 元。每组衬砌施工缝漏浆打磨约 1 工日，1.8km 共计 152 组衬砌，按照三分之一的质量缺陷计算约需要 51 个工日，设备配合及其他费用需 25 元/条；每条施工缝“C”形裂缝处理大约需要 1 工日，按照三分之一的质量缺陷计算约需要 51 个工日，设备配合及其他费用需 100 元/条；因施工施工缝质量问题对公司及项目产生的负面影响无法预估，故无论成本投入是否增加，均应该投入。衬砌台车软搭接与传统刚性搭接费用对比见表 10.3-1。

图 10.3-3　安装橡胶垫板前“C”形裂纹

图 10.3-4　安装橡胶垫板后消除“C”形裂纹

表 10.3-1　衬砌台车软搭接与传统刚性搭接费用对比表（每组 11.9m 衬砌）

项目	材料费（元）	所需人数	人工费（元）	其他费用（元）	总费用（元）
橡胶垫板	10000	2	600		10600
防顶裂丝杆	1000	2	600		1600
漏浆治理		2	15200	1266.67	16466.67
“C”形裂缝治理		2	15200	5066.67	20266.67
费用差	−11000		29200	6333.33	24533.33

注：1. 机械设备配合、照明及工具费用列入其他费用；
2. 1.8km 共计 152 组衬砌，产生“C”形裂缝和漏浆的按照三分之一的施工缝数量计算；
3. 人工费按每人每天 300 元；
4. 因事关质量问题，不应纳入成本分析。

10.3.5　改进方向

（1）因新延安隧道二次衬砌断面较大，目前拱部只有两侧主梁上设有防顶裂丝杆，考虑后期 2 根丝杆间距较大局部受力集中，计划在液台车搭接端增设防顶裂丝杆数量。

（2）目前台车搭接端头环向橡胶垫板安装及拆卸较繁琐，因此如何快速安装及拆卸环向橡胶垫板是本项目研究的一个创新方向。

10.4 施工缝凿毛缓凝剂的应用

10.4.1 适用范围

混凝土需要凿毛时的截面处理。

10.4.2 成果简介

常规方法：混凝土施工缝凿毛处理大多采用机械式凿毛，劳动强度大施工效率低、集料外露不均衡，混凝土容易产生细小裂缝，影响混凝土自防水及耐久性（图 10.4-1）。

图 10.4-1 施工缝传统凿毛

新方法：使用混凝土缓凝剂，涂刷于需要凿毛处的模板或直接涂刷在需要凿毛的混凝土表面上，在一定时间内阻止混凝土的凝固，不会降低混凝土的远期强度。脱模后或待混凝土达到初凝状态时用水枪冲洗，即可漏出粗集料。通过现场实践表明，使用缓凝剂（毛躁剂）制作毛糙面，连接可靠，简便经济（图 10.4-2）。

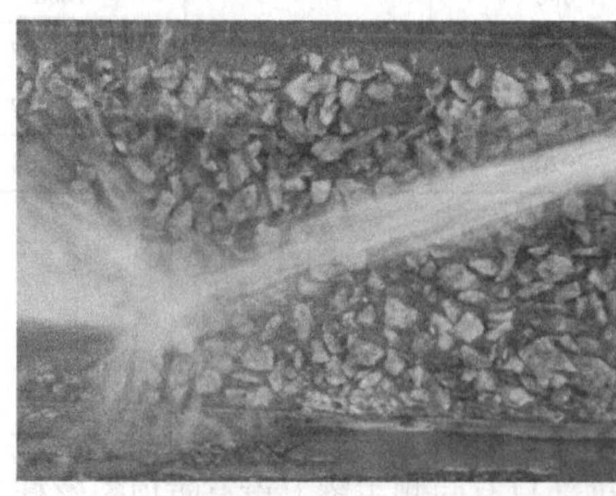

图 10.4-2 施工缝凿毛缓凝剂的应用

10.4.3 具体做法

施工工艺流程见图 10.4-3。

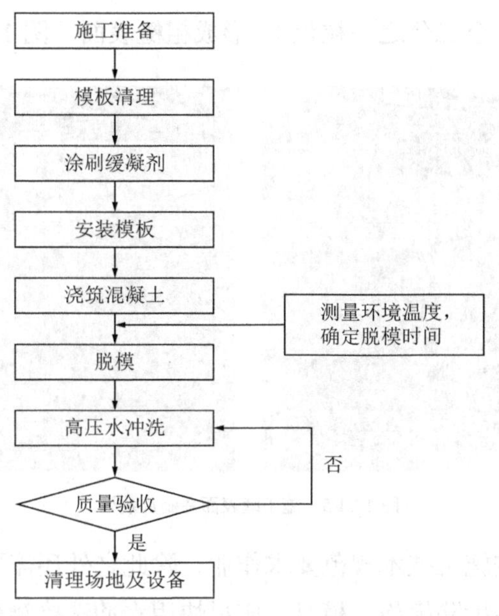

图 10.4-3　施工工艺流程图

使用时搅拌均匀后直接涂刷，环向施工缝用刷子或者滚筒均匀地涂刷在模板、模具的表面，待涂刷面药剂不具备流动性后就可以组装模板，涂刷药剂后需要防止淋雨，也不得再用水冲洗模板。

侧墙水平施工缝在混凝土浇筑好后需将表面抹平，使表面的集料分布均匀、平整，然后将药剂直接均匀喷洒在需要露出集料的混凝土表面，待混凝土达到初凝状态时用水枪斜角冲洗药剂作用面（图 10.4-4）。

图 10.4-4　喷洒毛糙剂

在混凝土终凝后拆除模板、模具，应尽快用水冲洗接触药剂的混凝土表面。侧墙水平施工缝在混凝土浇筑好后需将表面抹平，使表面的集料分布均匀、平整，然后将药剂直接均匀喷洒在需要露出集料的混凝土表面，待混凝土达到初凝状态时用水枪斜角冲洗药剂作用面。冲洗时由上向下进行，避免漏冲。冲洗应将混凝土表面胶凝材料和部分细集料冲走，使粗集料外漏（三分之一至二分之一粒径），形成粗糙表面（图 10.4-5）。

图 10.4-5　施工缝表面冲刷及效果

在施工中必须严格按施工技术规范要求作业，除此之外还需要做好以下几点：

（1）在混凝土终凝后拆除模板、模具，应尽快用水冲洗接触药剂的混凝土表面，自然养护的条件下，一般气温在 20 度以上不超过 24h 冲洗，养护温度低于 20 度时，最迟不超过 72h 冲洗。

（2）脱模冲洗由上至下进行，避免漏冲，冲洗过程中注意观察冲洗面的集料外漏情况，对水压角度距离进行调整，以达到最佳效果。

（3）涂刷药剂后需要防止淋雨，也不得再用水冲洗模板。

（4）涂刷过药剂的模板、模具，若需要重复使用，必须将模板表面彻底清理，并用水冲洗干净后再用。

（5）采取有效的措施防止钢筋、预埋件接触到缓凝剂（毛躁剂），否则可能会造成使钢筋和预埋件的锚固强度下降。

10.4.4　使用效果

新技术的成功实施，工程施工进展顺利，施工缝凿毛处理时间仅需 2h，比常规施工方法提前了 2d。与传统机械凿毛相比较，使用毛躁剂具有环保和不产生噪声污染特点，在城市施工噪声控制方面具有优势。

相对于人工及机械凿毛处理，大大降低劳动力强度，施工效率提高 5 倍以上。毛躁剂凿毛投入设备材料为高压水枪、毛躁剂投入资源少，每平方米比人工及机械凿毛节约成本 7.8 元，水冲毛躁剂和电动风镐凿毛成本对比见表 10.4-1。

表 10.4-1　水冲毛躁剂和电动风镐凿毛成本对比表（元/每平方米）

类别	人工费（元）	水电费（元）	毛躁剂费（元）	设备费（元）	小计（元）
水冲毛躁剂	0.7	0.36	3.0	0.25	4.31
电动风镐凿毛	9.5	0.89	—	1.75	12.14

10.5 配电箱成品预制工艺

10.5.1 适用范围

室内砌体填充墙预留电箱安装。

10.5.2 成果简介

常规方法：室内配电箱采用传统方法存在线管穿过过梁时，导致过梁有破损，严重时有断裂现象，线管弯处过多，后期穿线不顺畅，影响穿线施工。过梁与框架梁底之间由于线管的存在不好砌筑，一般操作工人会使用废弃材料进行填充，抹灰后易造成面层空鼓开裂等一系列质量通病问题（图 10.5-1）。

新方法：采根据图纸设计配电箱位置及现场土建砌墙砌砖实际尺寸，确定每个户型配电箱的预制模块的尺寸，根据确定的模块尺寸制作模板；采用配电箱预制模块，能够有效解决传统配电箱安装的空鼓、歪斜等质量通病，并且省时省料。浇筑标准层配电箱时，浇筑模板能够大批量循环利用。这种施工工艺比传统工艺节省大量人工，并且有效避免后期配电箱周边空鼓现象（图 10.5-2）。

图 10.5-1 传统方法室内砌体填充墙

图 10.5-2 新方法室内砌体填充墙

10.5.3 具体做法

（1）根据图纸设计配电箱位置及现场土建砌墙砌砖实际尺寸，确定每个户型配电箱的预制模块的尺寸，并依次编号；依据确定的配电箱洞口的尺寸制作现浇模板，确保模块的厚度同填充墙体厚度保持一致。

（2）根据确定的模块尺寸，制作模板；对配电箱进行预加工处理，根据配电箱进出线管数量及位置，统一对配电箱进行机械开孔，开孔大小和线管管径配套。

（3）用细石混凝土浇筑配电箱模块，浇筑前对配电箱洞口及线管口进行封堵防护，浇筑时振捣密实，表面收口平整，养护后拆模备用，模板重新组合利用。

（4）在砌筑墙体时，将模块砌筑进填充墙内，注意箱体开口朝向，并控制箱体高程（图 10.5-3～图 10.5-6）。

图 10.5-3 根据图纸对预留电箱模块进行支模

图 10.5-4 将电线根据预留线控的位置固定

图 10.5-5 浇筑混凝土并进行振捣

图 10.5-6 拆除模板后重新支模

10.5.4 使用效果

采用配电箱预制模块，能够有效解决传统配电箱安装的空鼓、歪斜等质量通病，并且省时省料。浇筑标准层配电箱时，浇筑模板能够大批量循环利用。这种施工工艺比传统工艺节省大量人工，并且有效避免出现后期配电箱周边空鼓现象。平均每千个预制电箱可节约 1.4～2 万元（含加砌块浪费费用、砂浆浪费费用、废料处理费用）。

10.5.5 改进方向

（1）成品观感质量

在灌注时，用橡胶锤敲击浇筑部位，使混凝土密实。拆模后观感较好；预留配电箱空洞四周用双面胶带粘贴，防止跑浆、漏浆（图 10.5-7）。

图 10.5-7 预留配电箱空洞四周用双面胶带粘贴

（2）成品后续工序接驳

统一对配电箱进行机械开孔，开孔大小和线管管径配套，开孔需成排并间距一致。配电箱的进出线管处和箱体连接时加螺接紧固，以便后期与线管连接，模块内在适当位置加筋处理，并加固成排线管，以加强模块的强度。

10.6 “二维码”物资标识管理

10.6.1 适用范围

施工现场原材料及半成品等材料的标识，尤其适合用于加工厂及库房材料规范管理工作中。

10.6.2 成果简介

常规方法：现场材料标识一般采用钢架材料标识牌，受标识牌版面大小限制，能展示的内容较少，标识不够详细。标识牌是材料员使用记号笔填写，选择一般记号笔填写字迹容易脱落，使用不易脱色的记号笔会导致更新标识牌内容时不易擦掉原数据。同时材料员在材料进场或收到试验室送检结果时，未马上填写或更新标识牌相关信息，会导致标识牌材料信息不正确，影响材料使用（图 10.6-1）。

新方法：加工厂钢筋原材料标识实行二维码动态管理，二维码内容不仅包含原传统标识牌标识的材料名称、生产厂家、规格型号、炉（批）号、进场日期、进场数量、验收人、检验状态、使用部位等相关信息。而且还可以录入材料验收图片、质量证明书、发放及库存等相关信息，相比传统标识牌内容更加详细完整，使用过程中通过扫描二维码能一目了然地看到该批材料的所有信息（图 10.6-2 和图 10.6-3）。

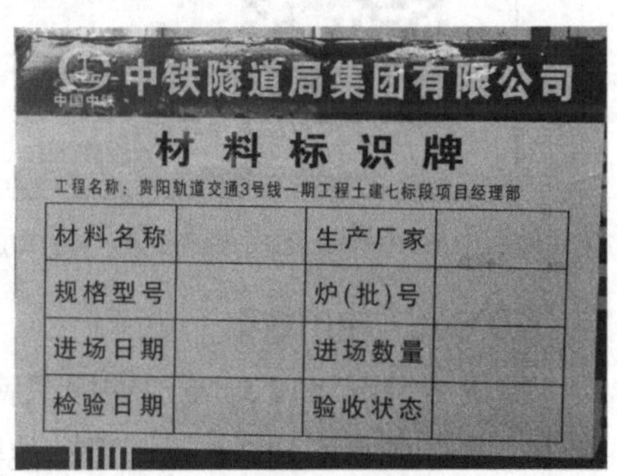

图 10.6-1　传统材料标识牌

图 10.6-2　动态二维码＋标识牌

原材料基本信息	
材料名称	螺纹钢
规格型号	28mm
炉（批）号	21031128
进场日期	2021/3/13
进场数量	32.516t
生产厂家	首钢水城钢铁
检验状态	合格
验收人	
使用部位	太慈桥一号出入口底板钢筋
存放地点	构件加工厂料场

图 10.6-3　二维码标识牌扫描内容

10.6.3 具体做法

（1）登录“草料二维码”网站，创建材料二维码，并将二维码打印后放置于磁铁标识牌中，再将磁铁标识牌直接吸附在前期加工的钢架材料标识牌。

（2）材料送检结果出来或每日发料后，材料检测状态或库存数据发生变化，通过登录“草料二维码”网站，搜索发生变化的物资名称，点击编辑，对原信息进行修改即可

（图 10.6-4～图 10.6-7）。

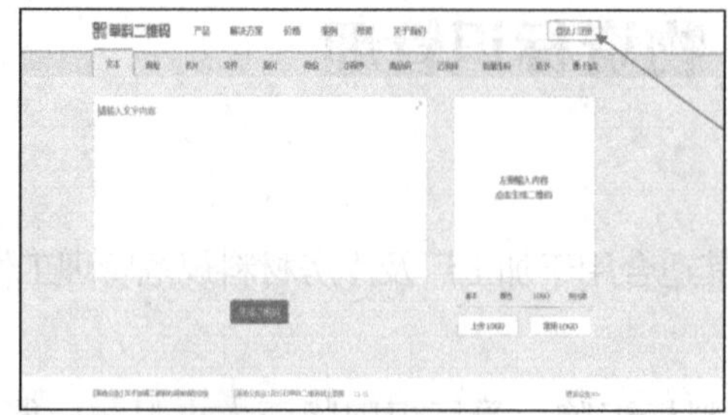
图 10.6-4　登录二维码网站

图 10.6-5　创建二维码（活码）

图 10.6-6　设计二维码尺寸、并打印成品

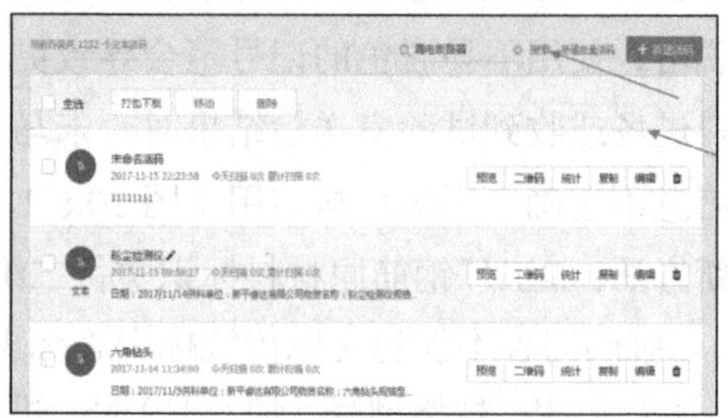
图 10.6-7　更新二维码内容

10.6.4　使用效果

每块 6.5cm × 12.5cm 磁铁标识牌购买单价为 2.5 元，二维码只需材料员用 A4 纸自己打印，共计成本不到 2.6 元，无其他额外投入。

以高度 1.2m，尺寸是 600mm × 800mm 钢架标识牌为例，加工每个标识牌需要 20mm × 20mm 方管 5m，1mm 铁皮 0.48m^2，自粘式标识牌贴纸 1 张，需要成本约 55 元。磁铁式标识牌可节约成本约 52.4 元。

10.6.5　改进方向

（1）使用自粘式二维码

考虑充分利用原有钢架标识牌，所以目前是将磁铁标识牌直接吸附在钢架标识牌同步使用，经材料员反应，磁吸式二维码标识牌在使用过程中发现易出现掉落的情况，如果未能及时发现拾起容易造成丢失或损坏，把标识牌稳定作为一个改进方向。

图 10.6-8　自粘式二维码效果

具体改进方向：加工厂与库房材料标识牌可考虑使用自粘式二维码标识牌，将标识牌直接粘贴在钢材料架立柱及货架横杆上，既不占空间，又节约成本还不会脱落（图 10.6-8）。

（2）物资管理信息化

针对目前企业发展趋势，推行物资管理信息化建设，以信息化管理为支撑，科学地做好物资收、发、储备等工作，既可减少人力，又可以信息共享，达到合理利用资源的目的。

10.7　采用柔性网防护解决锚索施工时掌子面顶掉块问题

10.7.1　适用范围

变形隧道锚索施工或其他掌子面易掉块隧道施工。

10.7.2　成果简介

常规方法：爆破作业后先进行找顶，后进行钻眼作业。锚索钻机不同于普通凿岩机，普通凿岩机是水平钻眼，操作人员站立于初支拱架下方；而锚索钻机是垂直拱顶方向钻眼，人员基本暴露于掌子面裸岩下方，且锚索施工工序是在立拱支护之前完成。由于掌子面变形，容易导致岩块掉落砸伤作业人员。

新方法：项目部在反复调研论证后，确定使用柔性网进行防护。在爆破作业找顶完成后、锚索施工前，在掌子面拱顶紧贴岩面安装柔性防护网，对拱顶岩面实施有效防护（图 10.7-1）。

图 10.7-1　柔性防护网

10.7.3　具体做法

锚索支护体系在隧道开挖后即进行施工，由于隧道围岩破碎，开挖后掉块现象频发，为了防止围岩掉块伤人，保障锚索施工顺利进行，项目采用高强聚酯纤维柔性网进行防护，它具有面积大整体性好、抗拉强度大、柔韧轻盈、安全性能高的特点；操作工艺简单，上网速度快，可预制不同强度和规格的网片、灵活性大。原材料生产广泛，基本上市场上都可以采购。

网片型号为 JD PET 120 × 120MS，网格尺寸 100mm × 100mm，网片搭接 100～200mm，网与网之间通过专用联网器工具，钩扣联结，连接点间距不大于 200mm。柔性网的铺设采用单体液压支柱进行配合作业，梅花形双排布置于上台阶，环向间距 120cm，纵向间距

80cm，上台阶 8 台，快速完成了拱顶围岩防护（图 10.7-2 和图 10.7-3）。

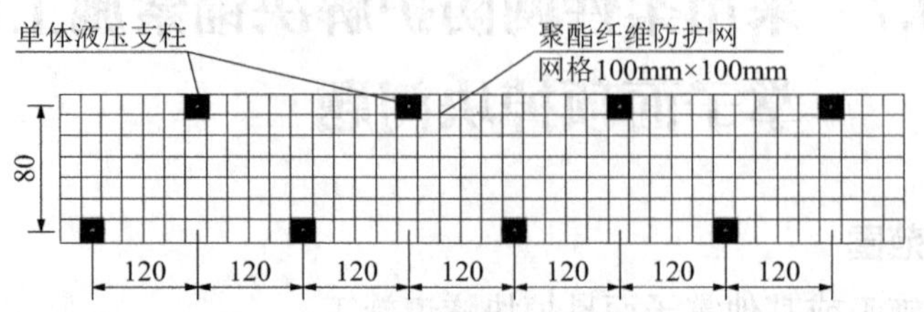

图 10.7-2　柔性防护网示意图（尺寸单位：mm）

图 10.7-3　已安装好的柔性防护网

10.7.4　使用效果

使用高强聚酯纤维柔性网支护，改善了锚索施工的作业环境，减少了安全隐患，确保了安全生产。柔性防护网投入使用以来，基本上阻止了掌子面掉块伤人现象的发生。相比之前未使用柔性网防护，掌子面掉块危险源基本得到控制，人员因掉块受伤概率几乎为零。

10.7.5　改进方向

（1）为减少网片端头连接的工序和时间，网片的长度可加工成与拱顶环向长度相同的尺寸，这样既省时又结实。

（2）下一步将研究网片加工时自带钩环，安装时只需将柔性网钩环挂即可，可大大提高施工效率。

10.8　中盾注泥控制沉降变形

10.8.1　适用范围

全断面砂卵石地层和上部砂卵石下部泥岩的复合地层及地面沉降控制较为严格的松软地层盾构施工。

10.8.2　成果简介

盾构机在设计制造时，刀盘会略大于盾体。因此，在掘进过程中，随着盾构机刀盘开挖前方土体向前掘进，盾壳外表面与开挖面形成一定的间隙。在地层松软、地面沉降控制严格时，需在掘进过程中对盾体与地层之间的间隙及时有效地填充，确保地面沉降可控（图 10.8-1）。

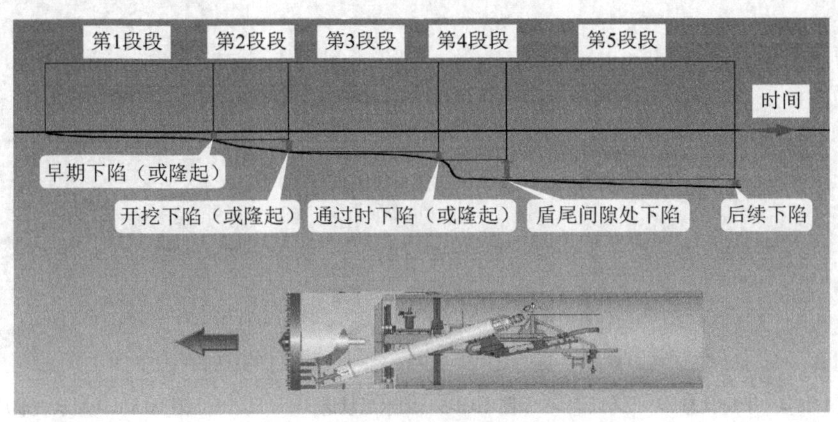

图 10.8-1　盾构掘进示意图

常规方法：常规的中盾注泥采用注入克泥效、衡盾泥、膨润土与水玻璃混合液等方式，达到控制盾体上方土体沉降的目的。虽能够取得一定的效果，但由于成本较高，在实际应用中有很大的制约（图 10.8-2 和图 10.8-3）。

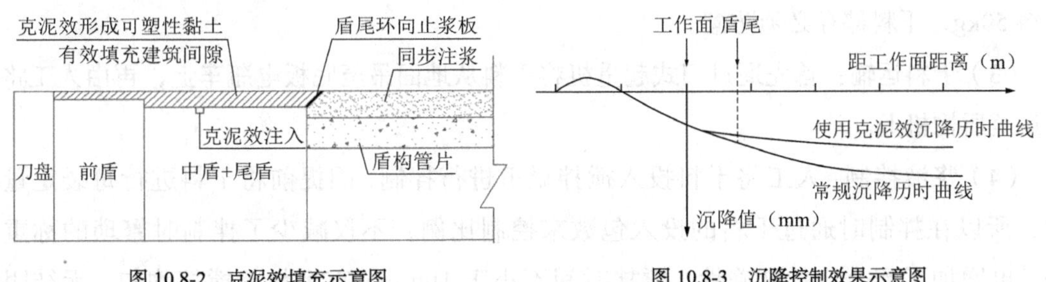

图 10.8-2　克泥效填充示意图　　　图 10.8-3　沉降控制效果示意图

新方法：采用水泥、膨润土、植物胶、水、水玻璃等材料按照一定比例配制而成的混合物，不仅起到控制地面沉降的效果，而且大大降低了施工成本。

通过不断的试验，综合考虑施工的便利性，对各种材料配合比进行优化，采用表 10.8-1

中的材料配合比，材料试验过程见图 10.8-4～图 10.8-6。

表 10.8-1 材料配合比

材料	数量（kg）	单价（元/t）	合价（元）	备注
水泥	100	488	48.8	2 包水泥
膨润土	250	530	132.5	5 包膨润土
植物胶	4	3600	14.4	
水	800	4.6	3.68	
水玻璃	60	1350	81	
合计			280.38	

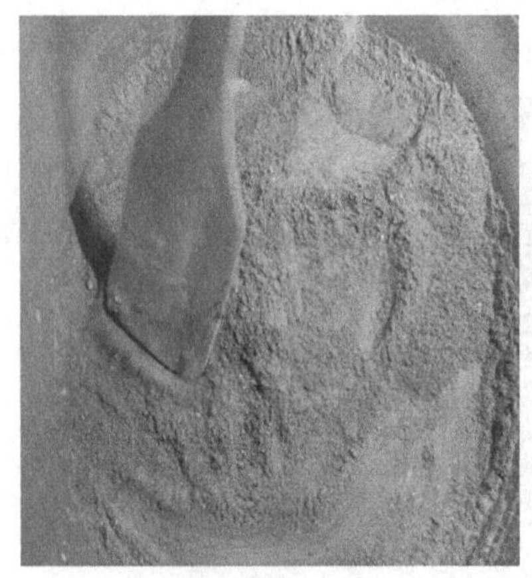

图 10.8-4 干粉状态

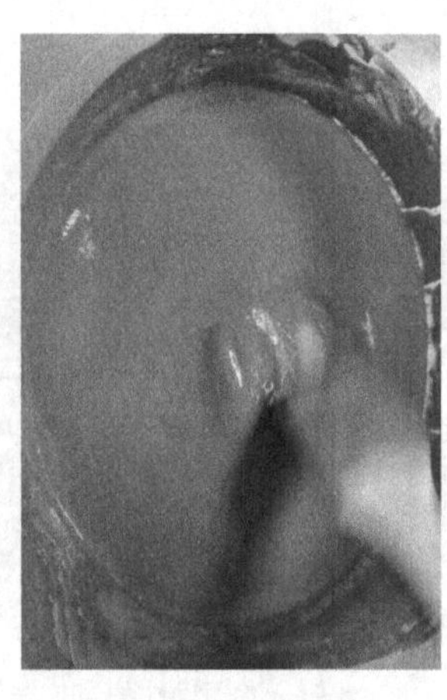

图 10.8-5 加水后状态

图 10.8-6 加水玻璃后状态

10.8.3 具体做法

（1）试验过程：加水后搅拌状态与常规膨润土类似，加入水玻璃后，立即变成果冻状，无流动性。

（2）干料配置及储存：为方便施工和对配合比的控制，将干料在地面配置装袋，每袋干料 50kg，干料储存必须防潮。

（3）干料运输：首先通过门式起重机将干料从地面吊至底板电瓶车上，再由人工将材料运至盾构机上。

（4）浆液拌制：人工将干料投入搅拌罐里进行拌制，因提前将干料进行每袋定量配置，所以在拌制时通过干料的投入包数来控制比例，不仅减少了拌制时繁琐的称重过程，也增加了配合比的准确性。搅拌时间不小于 10min，直到材料搅拌均匀，无结团颗粒为止。

（5）浆液注入：将浆液通过盾构机上的中盾注泥系统进行泵送注入，水玻璃和植物胶用提前准备好的定量容器进行加入（图 10.8-7～图 10.8-10）。

图 10.8-7　搅拌罐

图 10.8-8　浆液拌制

图 10.8-9　中盾注泥泵

图 10.8-10　控制开关

10.8.4　使用效果

根据盾尾外侧空隙为每延米 0.676m³，按照砂卵石充填 150%，管片环宽 1.5m，每环实际注入量为 1.52m³，实际每环注入成本见表 10.8-2。

表 10.8-2　每环注入成本表

材料	价格（元）	新方法的对比优势
克泥效	4864	节约 4437.82 元
衡盾泥	3000.63	节约 2574.45 元
膨润土 + 水玻璃	711.52	节约 285.34 元
膨润土 + 水玻璃 + 其他	556.75	节约 130.57 元
新方法采用的填充物	426.18	

采取同步中盾注泥前地面沉降值在 3～5mm，采用新方法同步中盾注泥后，地面沉降控制在 1.5mm 之内，有效地控制住了地面沉降，保障了地面建（构）筑物的安全。

10.8.5　改进方向

目前在浆液拌制和注入过程中需在掘进过程中增派两名专人进行中盾注泥的拌制和注入，现场施工工序较繁琐，操作不便，作业效率不高且增加人工成本。

后续改进方向：在施工过程中增加机械设备的使用，拌制及注入像同步注浆一样实现自动化，减少人工投入优化工序，提高施工效率。

10.9　自制钢架连接板焊接定位器

10.9.1　适用范围

隧道施工初支钢拱架连接板焊接质量控制。

10.9.2　成果简介

常规方法：当进行钢架连接板焊接时，为提高精度，需要人工对每块连接板画出中线及边线，焊接时需要有人手扶固定中线及边线位置后再进行连接板焊接，依靠人工画线工作量大、效率低，且人工手扶焊接容易产生晃动，从而出现连接板歪斜、螺栓孔位偏位等问题（图 10.9-1和图 10.9-2）。

图 10.9-1　连接钢板画线

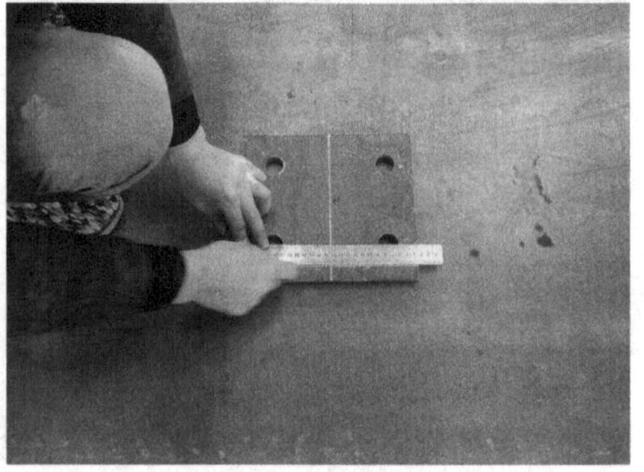

图 10.9-2　手扶连接钢板焊接

新方法：采用自制钢架连接板定位器可准确控制钢架连接板位置，避免连接板偏位，提高了工作效率，保证了钢架连接板加工质量（图 10.9-3）。

图 10.9-3　自制钢架连接板定位器

10.9.3　具体做法

利用自制钢架连接板定位器，固定钢架连接板。

（1）钢架连接板定位器制作：采用90°角钢焊接，背部焊接三角把手方便固定，底部角钢宽度与钢架内净宽保持一致，上部角钢宽度与钢架连接板宽度一致并在角钢上标出螺栓孔设计位置，采用与设计相同的M24螺栓与角钢焊接为整体，螺栓与角钢垂直。

（2）钢架连接板定位器安装：将钢架连接板定位器安装至需要焊接的连接板处，连接板穿入连接板定位器M24螺栓上固定牢固，然后进行连接板焊接（图10.9-4）。

图10.9-4 自制钢架连接板定位器固定焊接

10.9.4 使用效果

钢架连接板定位器自制简单方便，加工时钢架连接板螺栓孔位置统一，焊接定位准确，能够保障钢架安装时连接螺栓顺利穿过。

10.9.5 改进方向

考虑到目前钢架连接板定位器，只是制作了针对I16的钢架，但是对隧道支护形式不同钢架型号需要单独制作钢架连接板定位器，因此把钢架连接板定位器通用化作为一个改进方向。

在底部角钢对齐钢架肋板左右侧的位置加装两枚活动的螺钉，根据钢架内净宽调节螺钉，保证与钢架内净宽一致，以此来适应不同型号钢架的连接板固定焊接（图10.9-5）。

图10.9-5 钢架连接板定位器加装调节螺钉示意图

10.10 竖井下料反冲装置

10.10.1 适用范围

所有在建项目喷浆料或混凝土的垂直运输。

10.10.2 成果简介

常规方法：混凝土下料管设置是工程行业施工不可的装置，在目前施工现场存在许多简易装置。混凝土下料直通到底或者“S”接头进行下料时混凝土冲力，经常出现“S”接头堵管及破损的问题，造成现场施工工序中断，人员需进行高空作业到堵管或破损位置进行修复，增加了施工现场安全隐患，安全生产保障程度较低，严重违背了施工生产安全第一的原则。

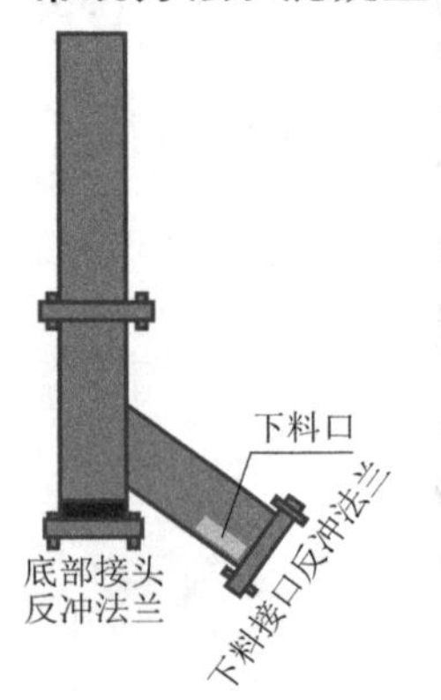

图 10.10-1 下料管反冲装置示意图

新方法：使用下部安装活接头法兰，法兰上部为下料口的方式，采用下料管反冲装置后人员无需进行高空作业，拆卸法兰后立即可以进行下料管疏通或更换底部磨损法兰，减少施工人员高空作业等安全隐患（图 10.10-1）。

10.10.3 具体做法

针对施工现场需进行下料管安装的竖井，由工程部提前下发下料管和反冲的制作及安装交底，提前在场地内进行加工组装，组装完成后直接在竖井侧壁上安装。此反冲装置使用寿命长，造价低，在使用后直接进行清洗，清洗残料可直接流入下料口底部的渣坑内。该下料管可重复使用，避免人员经常因下料管损坏需进行高空作业，减少施工场内作业的安全隐患（图 10.10-2）。

图 10.10-2 下料管反冲装置使用

10.10.4 使用效果

自下料管反冲装置投用以来，作业人员修复围护下料管高空作业次数明显减少，大大降低了施工现场安全隐患。

经济投入方面：在投入成本方面此项活动需要投入的人力物力较少，项目共投入费用 4000 元，制作 4 套竖井使用下料管（每套 1000 元），此下料管反冲装置同等规格尺寸可重复使用。

管理效能方面：措施执行至今，现场高空作业数量有了大幅缩减，减少了现场作业人员、管理人员工作量，从而降低了混凝土材料垂直运输安全风险，进而推进项目平稳快速建设。

10.10.5 改进方向

（1）优化下料管反冲装置

原投入使用的下料管反冲装置底部法兰采用螺栓进行固定，比较笨重，可更改为抱箍接头直接进行对接，简化操作安装手续，方便后续维护更换。

（2）推广下料管反冲装置

下料管反冲装置没有做到有利资源项目共享，需进行下料管反冲装置推广，实现更高程度上的资源共享。

10.11 隧道衬砌混凝土分布式触压报警装置

10.11.1 适用范围

隧道拱墙衬砌混凝土浇筑。

10.11.2 成果简介

常规方法：隧道在施工过程中由于泵送混凝土压力不足、流动性不好、重力作用、抽拔泵送管过早过快、工艺操作不规范等原因，拱顶混凝土往往难以达到设计要求的饱满度和密实度，造成模筑混凝土局部厚度不足，甚至可能形成较大空洞。

目前常采用液位继电器进行隧道拱墙衬砌混凝土防脱空监测，它是通过预埋导线防水板下，使导线端头与混凝土接触，电路联通触发报警来作为判断混凝土浇筑饱满的依据。该方法存在以下缺陷：一是触点较少（每组台车通常 5 个），不能有效地检测两个触点间的空洞；二是利用导线端头与混凝土接触连通原理触发报警，电线接头搭接钢筋、水等导电体均会触发报警，可靠性低；三是电线接头粘在防水板下，不能有效感应防水板与初期支护面的空洞。

新方法：为防止隧道衬砌拱顶空洞，项目采用条带分布式触压报警器，确保拱墙衬砌混凝土浇筑饱满。

10.11.3 具体做法

（1）工作原理

条带分布式触压报警器由分布式压密传感器、显传终端、二次衬砌防脱空监测系统组成，前 2 项是必备构件，后 1 项是选配构件。分布式压密传感器为消耗品，显传终端、二次衬砌防脱空监测系统可重复利用。

每个分布式压密传感器由 15 个传感器和导线及串行接头（与显传终端相连）组成，传感器间距 80cm（可根据需要定制），传感器布设在土工布与防水板间。当拱顶混凝土浇筑饱满，挤压紧防水板，触压报警器受到防水板压力，电路联通，显传终端绿灯亮，表示拱顶混凝土灌注饱满。若连续几个灯未变绿表明该处混凝土未满，需继续灌注，从而确保混凝土灌注饱满。

二次衬砌防脱空监测系统用来监测和记录浇筑过程中各个点位触压传感器绿灯亮的过程、顺序，为判断浇筑混凝土是否饱满及空洞位置提供依据。若个别部位灯未变绿，而台车端头及注浆孔均已出浆，可判断为该部位防水板被拉紧无法灌注饱满或该部位存在凹坑难以灌注饱满，可在后续带模注浆时选择在该部位注浆，确保灌注密实。

在带模注浆时连接显传终端，可根据终端亮灯情况判断带模注浆是否灌注饱满。

（2）传感器安装

采用土工布和防水板分铺的隧道，在铺挂土工布后安装传感器，采用魔术贴方式进行安装，魔术贴的间距不大于50cm，并不得粘贴在测点位置。

采用土工布和防水板复合铺设的隧道，在铺挂防水层之前安装传感器，采用设定固定土工布条的方式安装，土工布条的间距不大于50cm，并不得固定在测点位置。

纵、环向分布式压密传感器安装后，采用延长线接长，沿隧道纵向引出至防水板铺挂台车，连接显传终端，并再次检查其完好情况。

（3）施工工艺流程

隧道二次衬砌浇筑质量监控的工艺流程为：初期支护检查→铺挂土工布→粘贴传感器→铺挂防水板→绑扎钢筋，台车就位→连接显传终端→混凝土浇筑（带模注浆）→全部红灯变绿→浇筑结束（图10.11-1～图10.11-5）。

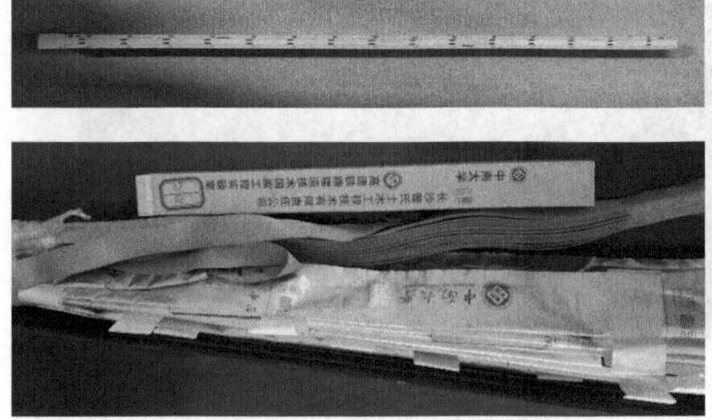

图10.11-1 分布式压密传感器及直显终端

图10.11-2 拱顶安装的分布式压密传感器

图10.11-3 布设于土工布与防水板间的分布式压密传感器

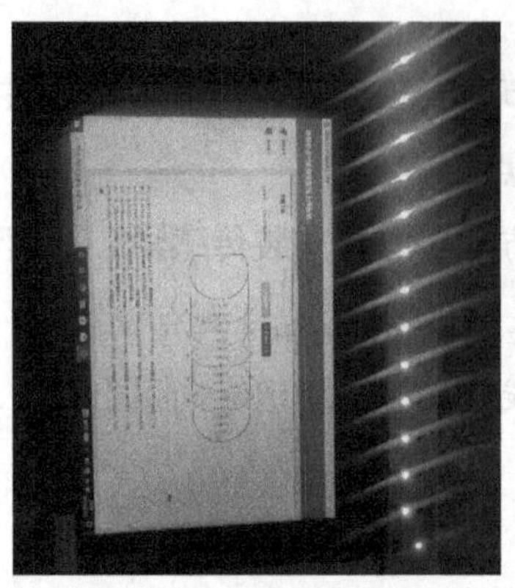
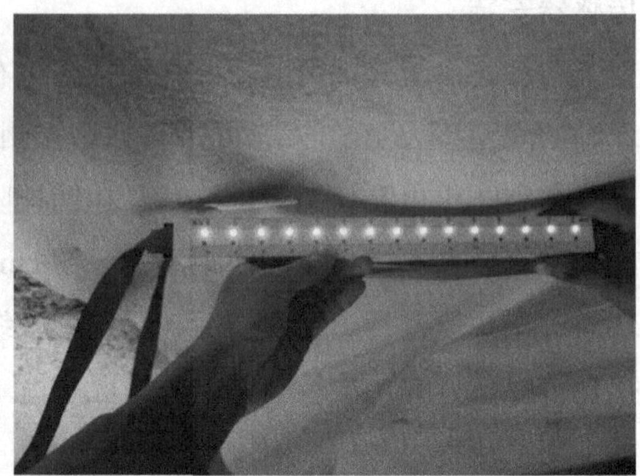

图 10.11-4 二次衬砌防脱空监测系统及直显终端浇筑饱满绿灯效果

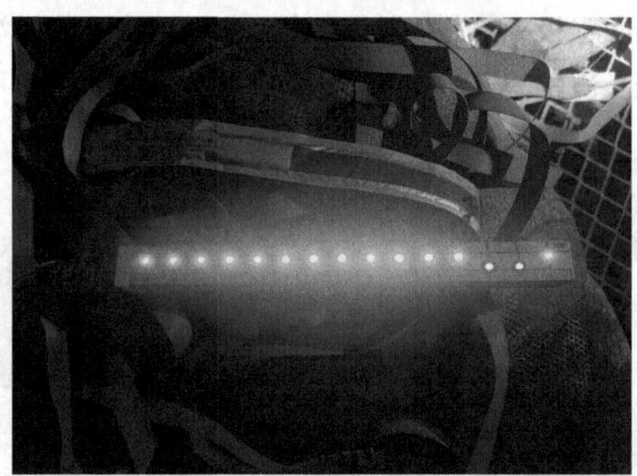

图 10.11-5 未灌注饱满时的显示状态

10.11.4 使用效果

通过采用分布式触压报警装置，结合带模注浆工艺，从第三方无损检测情况看拱墙衬砌空洞大大减少，以十八里堡隧道 1 号斜井正洞两个面衬砌无损检测情况为例，对比情况详见表 10.11-1。

表 10.11-1 十八里堡隧道号斜井进出口作业面无损检测缺陷统计表

工程名称	检测里程部位	检测长度（m）	空洞（处）	每千米缺陷数	检测日期	备注
1 号斜井进口	DK194＋470～DK194＋140	330	12	36.4	2021 年 7 月 17 日	采用前
1 号斜井进口	DK194＋140～DK193＋860	280	1	3.6	2021 年 9 月 15 日	采用后
1 号斜井出口	DK194＋710～DK194＋890	180	15	83.3	2021 年 7 月 18 日	采用前
1 号斜井出口	DK194＋890～DK195＋010	120		0.0	2021 年 9 月 14 日	采用后
小计		910	28			

注：2021 年 7 月份检测段落未采用分布式触压报警装置。

2021 年 9 月检测段落采用了分布式触压报警装置（图 10.11-6）。

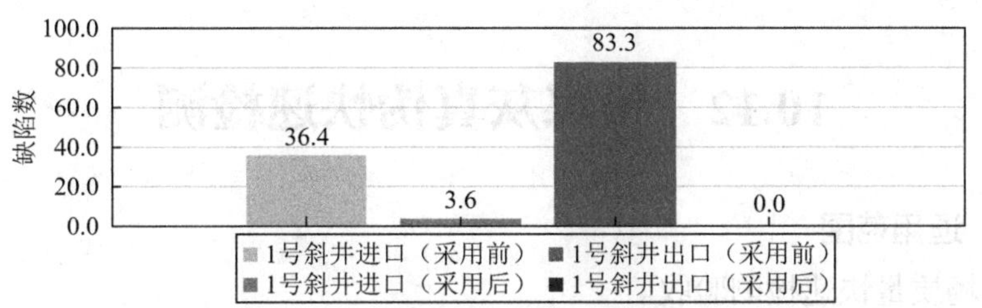

图 10.11-6　采用新技术前后每千米缺陷数对比图

由表 1 和图 6 可知，采用新技术后无损检测每千米缺陷率降低了 90%以上。

以上表十八里堡隧道 1 号斜井进、出口为例，按每个空洞注浆用注浆结合料 3t 计（按人工加材料每吨 2600 元计），分布式触压报警装置是采购长沙逸凯智能科技有限公司产品，采购价格为 50 元/m。

则该段 910m 共节约注浆费用：$(12-1+15-0)\times 3\times 2300-50\times 910=13.39$ 万元。

则每千米节约成本费用：$13.39\div 0.91=14.71$ 万元。

10.11.5　改进方向

采用集团公司自己生产制作，降低分布式触压报警装置成本。

目前分布式触压报警装置是采购长沙逸凯智能科技有限公司产品，价格偏高。该产品在集团公司有很大的市场，且技术含量低，若公司能够自行生产，成本应可降低到 20 元/m。

10.12 粉煤灰真伪快速检测

10.12.1 适用范围

粉煤灰进场质量快速检测验收。

10.12.2 成果简介

常规方法：以往工程建设过程中，针对进场粉煤灰质量验收主要采用烧失量和细度进行检验，操作流程相对繁琐。

新方法：现场购置显微镜通过查验进场粉煤灰颗粒形态进行直观辨别。

10.12.3 具体做法

项目试验室购置一台显微镜（型号：88-55008），在对每车粉煤灰进行烧失量和细度检验的同时，进行玻璃微珠的观测，通过对显微镜下玻璃微珠的形状进行判别，有效地避免了假粉煤灰和磨细粉煤灰进场，从而保证混凝土的实体质量（图 10.12-1）。

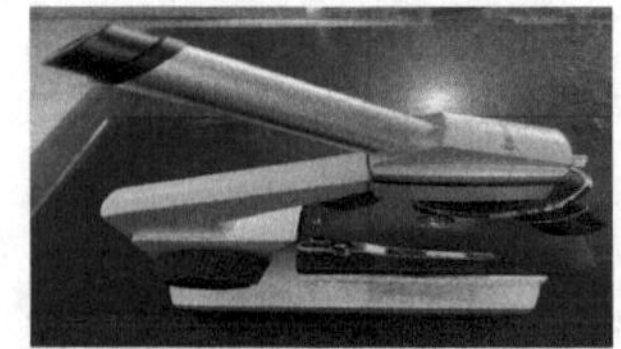

图 10.12-1 显微镜

真粉煤灰可以清晰看到大量的空心漂珠、厚壁、实心微珠、铁珠、炭粒、玻璃体等颗粒（图 10.12-2）。

假粉煤灰明显表现出颜色较为统一，颗粒粒径也较为统一，显微镜观察颗粒的棱角多，片状颗粒多，没有球状颗粒出现（图 10.12-3）。

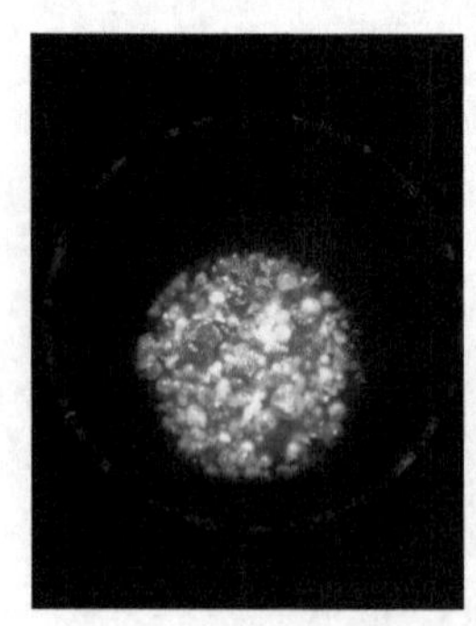

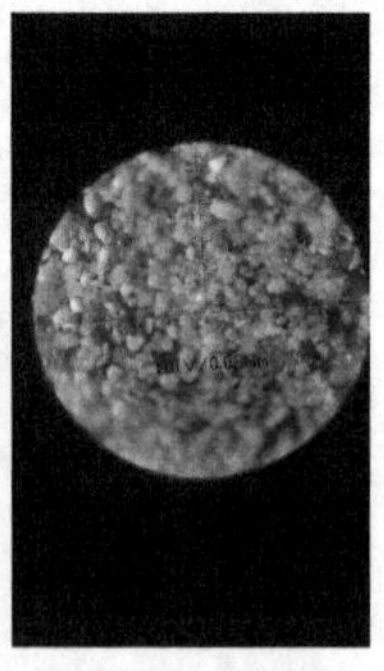

图 10.12-2 真粉煤灰

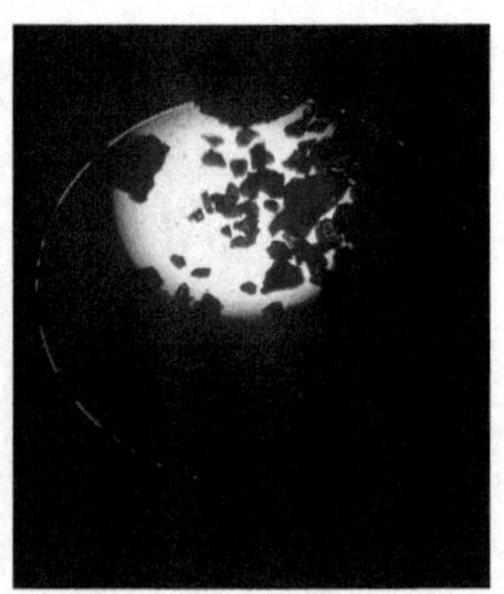

图 10.12-3 假粉煤灰

10.12.4 使用效果

单台显微镜购置价格 500 元，投入成本相对较低，操作简单，评判直观，可以更好地辨别粉煤灰真伪，为项目工程建设节能创效。

10.13　三段式止水拉杆

10.13.1　适用范围

深基坑及地下室外墙模板加固。

10.13.2　成果简介

常规方法：老式通丝止水螺栓是一段式，不可拆卸、在拆模后只有采用切割的方式把体外多余的部分切割断，对材料的消耗大，资源浪费严重，拆模费力费工，一是增加人力成本，二是美观性较差（图 10.13-1）。

图 10.13-1　老式通丝止水螺栓

新方法：本着创新和创效的理念，在深入市场进行调查后，采用新工艺新材料，特推出新型三段式止水螺栓。新型三段式止水螺栓由外杆、内杆和接头螺母组成，其中外杆和锥体在墙体拆模后可轻松拆卸，无需切割，外栓和锥体可再次重复使用，大大节约了人力成本，同时外观美观（图 10.13-2）。

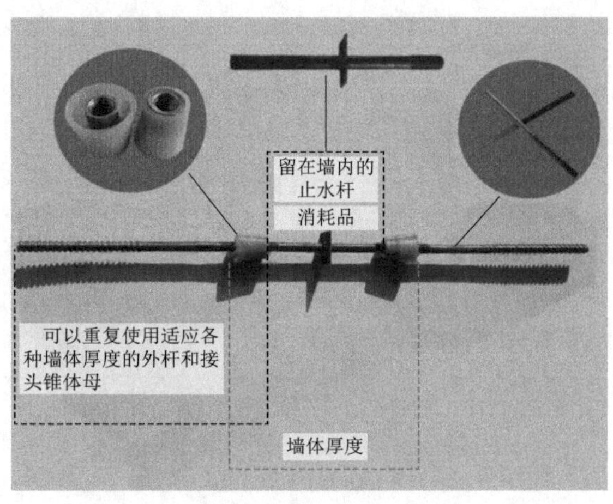

图 10.13-2　新型三段式止水螺栓

10.13.3　具体做法

东人工岛敞开段放坡开挖处墙体采用对拉螺栓紧固模板的方式进行固定，首先是为了固定模板，平衡混凝土的侧压力，防止涨模；其次是内置的止水钢片可以起到止水的作用，再者是两端锥体可以取出，拆卸方便，不留隐患（图 10.13-3 和图 10.13-4）。

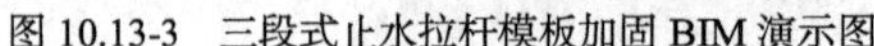
图 10.13-3　三段式止水拉杆模板加固 BIM 演示图

图 10.13-4　三段式止水拉杆现场安装实物

10.13.4　使用效果

普通止水螺栓的定位措施不当易造成构件截面尺寸偏差大，螺栓外露部分的不规范切割造成观感极差，需要进行二次处理。自新型止水螺栓推广以来，成功解决了施工中的问题，不仅提高了敞开段侧墙的质量和防水效果，而且降低了施工成本。

10.14　梁板塑料波纹管快速接头装置

10.14.1　适用范围

预制梁板、现浇箱梁及盖梁预应力管道中塑料波纹管接头。

10.14.2　成果简介

常规方法：当梁板预应力管道采用塑料波纹管时，接头处传统做法是截取部分大于其直径的波纹管包裹其两端，然后用胶带缠绕接头部位的方式进行连接。此方法施工效率低、接头不严密，且在焊接梁板钢筋时，若保护不到位极易被焊渣烫烧造成波纹管漏浆，不便于后续梁板钢绞线穿束，甚至造成波纹管堵管，影响梁板施工质量。

新方法：塑料波纹管快速接头是通过专用工具实现两根同型号波纹管之间快速连接的一种装置，材质为阻燃塑料材质，可根据不同波纹管型号及装置进行定制。

10.14.3　具体做法

塑料波纹管快速接头装置为 CH（N）无排气孔接头（多种直径），由 A、B 两个半圆形塑料板，操作时将两节波纹管分别安放在 A、B 塑料板卡槽内，然后采用卡接的方式进行连接，再利用塑料卡件将 A、B 塑料板边缘固定，即可完成接头搭接（图 10.14-1）。

图 10.14-1　塑料波纹管快速接头装置

10.14.4　使用效果

（1）该装置具有快速安装且能紧密结合的优点，避免了传统波纹管接头漏浆的特点。

（2）使用成本较低。以 30m 预制 T 梁为例，每片梁有 3 根预应力管道，平均每个管道需要 2 个快速接头，每片梁需要 6 个接头。按照ϕ90 波纹管接头计算，每片梁需要 6×22.04 元 $= 132.24$ 元，投入较低，相较于使用传统接头造成预应力管道堵管等所产生的处理成本及负面影响，具有较大的隐形经济效益。

10.15 全自动液压预制箱梁内模系统

10.15.1 适用范围

预制箱梁内模系统。

10.15.2 成果简介

常规方法：铁路、公路箱梁传统模板系统安装内模采用散拼散装的施工方法，劳动强度大，工人操作不方便，耗用时间长（图 10.15-1 和图 10.15-2）。

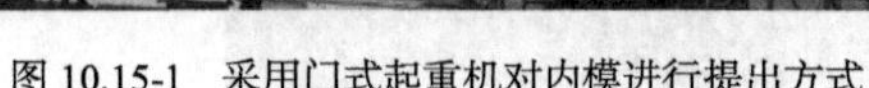

图 10.15-1 采用门式起重机对内模进行提出方式

图 10.15-2 采用卷扬机对内模进行拉出

传统作业方式虽然造价成本低，但存在如下问题：

（1）工作效率低：工序繁琐，需换仓、倒管、清理等。

（2）劳动强度高：每个工序都需要人工操作。

（3）影响混凝土浇筑质量：螺旋输送方式易出现混凝土离析现象，料槽自流方式无法解决带压浇筑问题。

新方法：一种全自动液压预制箱梁内模系统（图 10.15-3～图 10.15-6）。

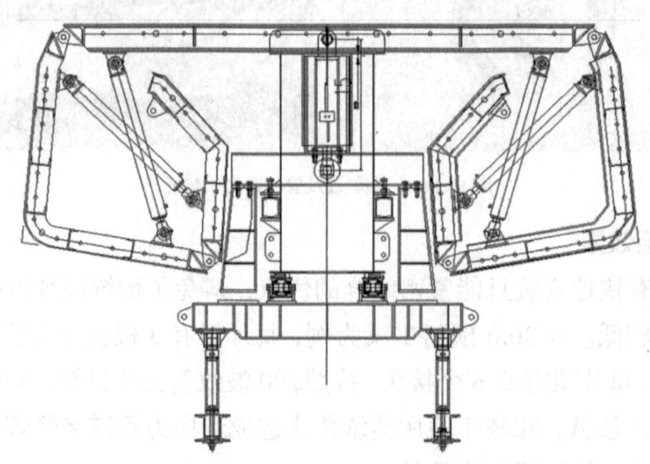

图 10.15-3 全自动液压预制箱梁内模系统示意图

图 10.15-4　内模行走轨道实物

图 10.15-5　内模液压系统左侧

图 10.15-6　内模液压系统右侧

10.15.3　具体做法

（1）内模组成

内模采用预先在工厂内制作装配、可进行整体安装的组合钢模板，单体长约 7.5m，内模由标准段、变动段、连续端调整段、非连续段封端段模板及各种调整垫片、机械撑杆、配件和液压系统组成。自动液压内模系统由液压泵站、模板动作液压缸、钢模板、顶部背楞、钩栓、操作平台、固定管路、内模滑座等部分组成。

（2）模板的安装和调整

模板在组拼场地按单节段组装成型，按设计尺寸对模板外形尺寸进行检验。然后分节吊入已经安装好底板及腹板钢筋的工作位置。模板吊至工作位置后，将模板支承在预先放置好的预制混凝土垫块上，然后将各节段模板通过螺栓连接成整体，最后利用端模将内模定位。

（3）模板的使用

混凝土浇筑完成后，当达到设计脱模强度后进行内模的脱模作业。内模脱模时按节段划分进行操作。

①首先人工拆除标准节段调整垫片，使各节段模板分离，以便进行后期的脱模操作。

②人工安装走行轨道并拆除顶板背楞及内模的机械撑杆等。

③操作左右两侧模板旋转液压缸，使模板旋转 85°，按先左后右的顺序进行操作。

④操作升降液压缸，使模板整体上升 90mm，使模板全部脱离混凝土面。

⑤操作水平收缩液压缸，使两侧模板向内各滑移 70mm。

⑥此时模板整体尺寸小于梁体端部内腔尺寸，然后将模板整体沿走行轨道移出梁体。

内模脱模完成后模板的整体外形尺寸已经小于梁体出口尺寸，此时可以将内模移出梁体。

10.15.4 使用效果

大型预制梁场的模板安拆速度和施工拼缝效果对预制梁混凝土的外观质量和内在质量具有重要作用。传统的模板采用小块钢模板拼接速度安装速度慢，拼缝质量差，人工耗量大，施工安全和质量隐患大，外观质量不高，难以满足桥梁结构日益提高的外观和内在质量要求。

根据现场施工调研，传统混凝土浇筑每片箱梁预制拆模通过门式起重机配合卷扬需 5 名工人耗时 5h 完成；使用采用自动液压内模系统之后，每退回内模需 2 名工人 1h 完成，提高了工作效率，降低了施工成本，减轻了工人劳动强度。

10.16　先张法空心板梁凿毛工艺提升

10.16.1　适用范围

先张法空心板梁凿毛施工。

10.16.2　成果简介

常规方法：以往施工中，板梁铰缝多采用人工手持电动凿毛机进行凿毛，一片 20m 板梁需 2 个工人一天才能完成，工人劳动强度大，成本高，且凿毛效果受人员操作水平影响大，凿毛效果差。传统的凿毛工艺已不适应当前标准化施工要求（图 10.16-1）。

图 10.16-1　传统人工凿毛

新方法：针对传统凿毛工艺的不足，本项目采用自行式空心板梁自动凿毛机进行铰缝凿毛作业，该机具有以下特点：机型小操作灵活，具有自行走能力，可根据梁片立面高度不同，具有升降调节功能；工作效率高，一个人 2h 就可完成一片 20m 板梁凿毛，并且不会破坏梁体结构（图 10.16-2）。

图 10.16-2　智能凿毛

10.16.3 具体做法

桥梁预制空心板腹板混凝土自动凿毛设备由承载装置、凿毛装置、行走装置、控制装置以及动力装置 5 部分组成。

（1）承载装置是由规格不一的槽钢通过焊接组成，主要是用来安装或架设凿毛装置、行走装置及控制装置的。其中在承载装置两侧底部两端头各安装两个定位轮。

（2）凿毛装置在桥梁预制空心板腹板混凝土自动凿毛设备中起着至关重要的作用，它通过两个托架将两个凿毛器分别固定在承载装置的左右两侧。其中托架上带有调节把手，用来调整凿毛器和空心板腹板之间的距离。

（3）行走装置主要起带动承载装置沿空心板纵向匀速直线行驶，包括提供行走动力的电动机，由电动机通过链条带动齿轮转动而行走的主动轮，调整行走方向的导向轮，以及调节行驶速度的变频器。

（4）控制装置主要是利用两侧的升降电动葫芦，通过控制手柄（遥控器）来控制凿毛装置沿空心板腹板垂直方向上移动，即调整凿毛装置的高度。

（5）动力装置为自动凿毛设备的凿毛装置提供凿毛动力，可通过购买的空气压缩机产生空气动力，用橡胶压力管道传输给凿毛装置（图 10.16-3）。

图 10.16-3　智能凿毛后效果

10.16.4 使用效果

一套智能凿毛机的价格为 3 万元左右，每片梁片凿毛人工费用及其他费用共约 80 元。人工凿毛每片梁片凿毛人工费用及其他费用共约 400 元。采用智能凿毛设备施工可节约费用约 25 万元，大大节约了项目成本。

10.17 主体结构侧墙混凝土养护膜

10.17.1 适用范围

主体结构侧墙及底板与中板。

10.17.2 成果简介

常规方法：混凝土去除表面覆盖物或拆模后，应对混凝土采用蓄水、浇水或覆盖洒水等措施进行潮湿养护，也可在混凝土表面处于潮湿状态时，迅速采用麻布、草帘等材料将暴露面混凝土覆盖或包裹，再用塑料布或帆布等将麻布、草帘等保湿材料包覆。包覆期间，包覆物应完好无损，彼此搭接完整，内表面应具有凝结水珠。有条件地段应尽量延长混凝土的包覆保湿养护时间（图 10.17-1）。

新方法：采用养护膜进行混凝土养护，是以新型可控高分子材料为核心，以塑料薄膜为载体，通过预聚合的方法，将吸水材料预聚合体植入特制无纺布上，吸水树脂与特制无纺布及不透水塑料膜融为一体，黏附可吸收自身重量 200 倍水分的高分子。该材料吸水膨胀后变成透明的晶体，把液态水变为固态水，然后通过毛细管作用，源源不断地向养护面渗透，同时又不断吸收养护体在混凝土水化热过程中的蒸发水。因此在一个养护期内养护膜能保证养护体表面保持湿润，相对湿度 ≥ 90%（图 10.17-2）。

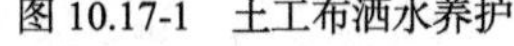

图 10.17-1 土工布洒水养护

图 10.17-2 高分子材料节水保湿养护膜

10.17.3 具体做法

养护膜粘贴前，墙面必须达到湿润（用水量约 2kg/m），根据其层面水分损失状况，采用不补水、局部补水润湿、洒水润湿三种方式。不补水的直接铺设养护膜，此情况适用于阴天、无风天气或气候潮湿、少风时局部补水的采用喷雾器进行喷洒。喷洒时，应使水分或水雾均匀、连续、轻轻地洒落在水稳层表面上，达到要求的润湿状态，方可铺设养护膜（图 10.17-3）。

图 10.17-3　高分子材料节水保湿养护膜铺设完成

10.17.4　使用效果

混凝土养护期间无需进行洒水养护，利用养护膜锁住混凝土中的水分，确保混凝土保湿养护的连续性，不会出现干燥情况，切实做到节约用水，提高了侧墙养护的操作便捷性和施工效率，养护效果好。

10.18 小空间回填破碎锤改装压实板夯实技术

10.18.1 适用范围

管廊两侧小空间基坑回填。

10.18.2 成果简介

常规方法：管廊两侧小空间土方回填一般为人工采用蛙式打夯机，本工程综合管廊位于道路边坡范围，对管廊两侧沟槽回填压实度要求较高，采用蛙式打夯机进行夯实，无法保证回填质量，且进度较慢（图 10.18-1）。

新方法：为保证管廊两侧沟槽回填土压实度，现场将破碎锤改装成平板夯，对管廊两侧沟槽 6%灰土进行夯实（图 10.18-2）。

图 10.18-1 破碎锤

图 10.18-2 改装后平板夯

10.18.3 具体做法

将破碎锤改装成平板夯，平板夯尺寸为 0.8m × 1.0m，厚度为 2cm，平板夯尺寸满足沟槽最小宽度。选择潜江路西侧里程为 G3 + 400～G3 + 450 段管廊南侧沟槽作为试验段，长度 50m。

严格按照 6%灰土比例在现场进行拌和，将拌和好的灰土按 30cm 虚铺厚度进行铺设，采用改装后的平板夯进行夯实。

填土前应将基坑和综合管廊侧墙防水保护层上的垃圾、积水、硬物等杂物清理干净。做好水平高程标志的设置，测量组在两侧防水保护层上进行高程测量，做出 6%石灰土高程控制线并做好标记。检验回填材料的质量，有无杂物，粒径是否符合规定；检验回填土的含水量是否在控制的范围内。

管廊基坑底部至现状地面范围内采用 6%石灰土进行回填，压实系数不小于 0.95，综合管廊两侧回填应对称、均衡。

1）工艺流程

备料摊铺土→卸置和摊铺石灰→拌和→整平和轻压→洒水→整形碾压→养生。

（1）施工分段分层原则：

回填分段原则：夯实层每段长度为50m且不大于1000m^2。

回填分层原则：压实虚铺厚度不大于300mm。

（2）备料摊铺土：利用现场黏性土土源备料（黏性土土料应选用黏粒含量为10%～35%、塑性指数为7～20的黏性土），根据石灰土的厚度、宽度、干密度，土的松铺系数将土用推土机配合人工均匀摊铺在预定宽度上。

（3）拌和：综合管廊由于两侧工作面狭长且在现场进行拌和扬尘较大，无法采用拌和机进行灰土拌和，现场设置灰土场集中拌和，采用运输车运送至现场。

（4）洒水：混合料含水量不足，应用喷管式洒水车补充洒水，宜大于最佳含水量。

（5）分层压实：灰土到场后，使用蛙式打夯机及小型压路机夯实，夯实应在石灰土接近最佳含水量时进行，回填料每层至少打夯3遍，直至达到设计要求的密实度位置，铺好的石灰土应当天夯实。打夯应一夯压半夯，夯夯相接，行行相连，纵横交叉。夯实后应立即进行高程复核，待回填至现状地面高程后采用平地机整形一次。

（6）接茬：工作间断或分段施工时，应在石灰土接茬处预留30～50cm不予压实，与新铺石灰土衔接碾压时应洒水湿润；宜避免纵向接茬缝，当需要纵向接茬时，茬缝宜设在路中线附近，接茬应做成梯级形，梯级宽度约50cm。

（7）养护：石灰土经拌和压实后，必须要进行养护，为使石灰土表面经常湿润，保证石灰土强度增长，每天应喷洒6遍（或更多）水，并派专人盯管，养护至上层结构摊铺止。

2）防止平板夯对管廊伤害措施

在用平板夯在施工过程中会造成重复性的振动，这种振动在岩土的介质中会以激振点为中心，以地震波的形式向外传播。如果不用一定的防范措施加以控制，则会对周围的建筑以及环境造成不同程度的危害。

（1）保证有效的振动安全距离

根据管廊及设备对振动的要求，依据夯击能、夯击数、地基土等情况，确定安全距离是避免夯实对管廊影响必不可少的措施。

（2）改变强夯工艺减少对管廊的影响

在靠近管廊的附近降低夯击能、减少夯击数也可以起到对保护管廊安全的影响。

（3）改变施工顺序减少对建筑物的影响

先夯击管廊附近的地基，然后夯击远处的地基。由于刚开始时土体松散，土体的阻尼比较大，吸收的夯击能较多，向外传播的振动波波速和振动加速度就较小，对管廊的安全影响也就比较小。

3）控制夯击能措施

（1）夯机力主要是用来维持被夯实材料的受迫振动，振动次数则影响夯实效率及夯实程度，即在同样的打击力作用下，振动次数越多，夯实效率及密实度越高。

（2）平板夯地面要平，否则引起设备倾斜而使夯击面受力不均匀；每次点夯时，夯坑位置应经过整平，倾斜面不应大于 30°。

4）夯实技术安全操作规程

（1）振动平板夯在启动前检查发动机机油油位至要求位置。使用 93 号无铅汽油，在停机时加入。

（2）工作前检查振动平板夯各个螺栓的链接有无松动，如有要及时紧固。

（3）工作时振动平板夯离合器传递动力，油门要加到较大位置，避免中速运转。

（4）启动发动机时先打开油路开关，电磁开关，在冷启动时关闭阻风门，拉动手柄（轻轻拉动感到阻力）用力快速一拉，启动后打开阻风门，速运转 3～5min，加大油门快速运转离合器结合，平板振动夯开始振动。

（5）手扶扶手掌握方向，平板振动在前进、后退时变动转向手柄完成工作。

（6）停机：工作完毕后发动机怠速运转 3～5min 后关闭电磁开关，油路开关。

10.18.4　使用效果

夯实后对 6%灰土压实度检测，压实度满足设计及规范要求，改装后的平板夯满足施工技术要求，解决了管廊沟槽两侧狭小空间无法采用大型压路机的难题。

提高了管廊两侧小空间回填工效，节约成本。改装后平板夯管廊两侧回填工效为 80～100m/d，人工采用蛙式打夯机为 20m/d。

第11章
项目成本工效类

11.1　新型塑钢模板节约项目成本

11.1.1　适用范围

基坑冠梁、侧墙、中隔墙、城市管廊、挡墙等大面积混凝土施工。

11.1.2　成果简介

常规方法：传统常用木模板周转次数少、损耗大、单次使用成本高，现场需进行切割加工，施工效率低；加工后的模板适用性低，难以周转使用；使用多次的模板表面破坏严重，影响后续混凝土外观质量；模板材料易燃，现场使用、存放安全风险较大。此外，木模板加工产生大量边角料，木材资源浪费，不符合环保要求。

新方法：采用新型塑钢模板无需加工，减少现场制模时间，提高施工效率，新型塑钢模板承重大于传统木模板，减少模板加固的周转材料，省时省力，安全便捷、绿色环保、安装简单、降低成本。

11.1.3　具体做法

塑钢模板为带肋组合式模板，模板总厚度为 8cm，面板厚度为 5.4mm，平均重量约为 15kg/m^2。模板本身预留了对拉孔位，可根据现场需求将小堵头取下，无需现场打孔，减少了高危机具的使用。模板重量轻、强度高，采用手柄旋转 90°即可连接，易拆装，可提高施工效率、降低工人劳动强度。防水耐腐，稳定性高，周转次数多，不仅可有效的缩短施工周期，减少加固材料的投入及材料的浪费，同时还实现了节能环保、低碳作业的施工目标（图 11.1-1）。

图 11.1-1　模板施工现场

11.1.4　使用效果

目前，龙兴站主体施工基本结束，从现场整体施工情况来看：塑钢模板施工便捷，省工省力，安全便捷，混凝土成形外观好，同时减少资源浪费，符合绿色环保要求，模板在现场易做到码放整齐，可在无电无设备的情况下完成模板安装拆除作业，易达到安全文明施工的要求。情况如下：

（1）成本效益

龙兴站尺寸为长 228m、宽 24.5m、高 16m。四周板肋式挡墙支护，墙厚 20cm，从上往下分段施工，段面长 20m、段高 2.4m，面积为 8080m^2，预计 168 段次，配制 10 套模板，每套模板 48m^2，共计 480m^2。主体侧墙分段施工，段长约 33m，高约 7.5m，上下两层共计 14 段次，面积为 6930m^2，配置 2 套模板，每套 495m^2，共计 990m^2。龙兴站基坑开挖，先施工板肋式挡墙，再施工主体侧墙，制模面积 15010m^2，总共配置 990m^2 新型塑钢模板。

①模板采购金额分析

龙兴站模板配置采购情况见表 11.1-1，成本对比见表 11.1-2。

表 11.1-1　龙兴站模板配置采购情况

项目	总制模面积 m^2	周转次数	需配置数量 m^2	单价（元/m^2）	采购总价（元）
塑钢模板	15010	15	990	320	316800
模板手柄			9000	2.5	22500
合计					339300

表 11.1-2　成本对比

模板采购金额对比分析表					单次使用成本对比表			
项目	制模面积	采购单价（元）	理论周转次数	采购金额（元）	次数	分摊费用（元）	次数	分摊费用（元）
木模板	990m^2	53	3 次	52470	3	17490	3	17490
塑钢模板		320	40-60 次	316800	10	31680	20	15840

注：根据现场施工生产情况及模板的理论使用寿命，木模板一般周转 3 次左右，塑钢模板一般周转 30 次左右。

从两种模板板材的直接采购费用来看，塑钢模板高于木模板，与木模板差值为264330元，即采用塑钢模板首次投入较木模板要高。

从两种模板的周转次数和分摊费用来看，完成 30 层段次结构施工，使用塑钢投入 1 套周转，使用木模板投入 10 套周转，每个段次的分摊费用塑钢模板较低，比木模板少 6930元，因此塑钢模板的周转使用次数越高，与木模板的分摊费用差值将会越大。

塑钢模板理论周转 40～60 次，正常周转非人为损坏情况下，现场实际能周转 30 次左右，周转次数越多，塑钢模板的分摊费用越低，周转次数超过 18 次，塑钢模板分摊费用就低于木模板分摊费用。

②立模、拆模配置及消耗分析

立模、拆模 990m^2 消耗对比见表 11.1-3。

表 11.1-3　立模、拆模 990m^2 消耗对比

项目	单价	塑钢模板		木模板	
		数量	金额（元）	数量	金额（元）
消耗工时（9 小时/工时）	220（元/天）	180	39600	210	46200

续上表

项目	单价	塑钢模板		木模板	
		数量	金额（元）	数量	金额（元）
ϕ48 钢管 m	0.011（元/日米）	3040	501.6	6120	1009.8
方木 m^3	305 元	无	0	44	13420
T 形丝杆（套）	9（元/套）	264	2376	528	4752
模板手柄	2.5 元	880	2200	无	0
合计			44677.6		65381.8

注：以龙兴站上下 2 层主体两层侧墙为例，制模、拆模按照 15 日工期计算周转料费用，方木按照周转 6 次分摊成本，T 形螺栓都为一次使用，模板手柄按照正常损耗 20% 计算。另制模消耗的小型机具分摊费用及木模板制模消耗的铁钉等，金额较小未计入分析。

从两种模板立模、拆模来看，塑钢模板立模所需要的工时为木模板立模工时的 85.7%；塑钢模板立模所需的钢管为木模板立模所需钢管的 50%；塑钢模板制模所需的 T 形丝杆为木模板制模所需 T 形丝杆的 50%。

从两种立模、拆模消耗的费用来看，塑钢模板制模费用为木模板制模的 68.33%。

（2）社会效益

采用塑钢模板施工的混凝土外观质量好，赢得建设单位、质检站等单位的一致好评，为企业树立过硬质量品牌。同时，采用塑钢模板无需过多投入木材，低碳环保，具有广泛推广意义，社会效益好（图 11.1-2～图 11.1-7）。

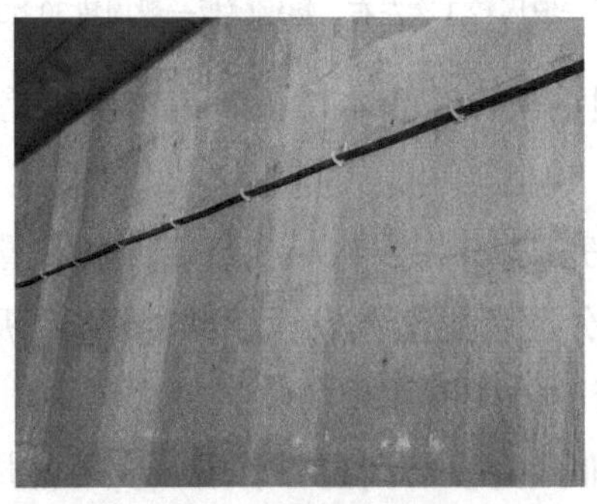

图 11.1-2　塑钢模板脱模后

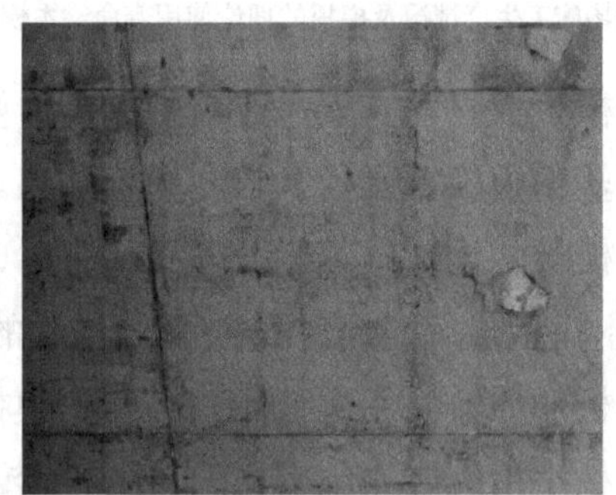

图 11.1-3　木模板脱模后

图 11.1-4　木模板施工现场

图 11.1-5　塑钢模板施工现场

图 11.1-6　塑钢模板安装

图 11.1-7　塑钢模板与木模板组合施工

11.1.5　改进方向

采用塑钢模板仅适用于平整规则截面施工，犄角、不平整部位不适用，仍需其他模板填充。

可根据施工实际，选择塑钢模板与木模板等模板组合施工，犄角和不平整处采用木模板立模，大面积处大量采用塑钢模板，高周转使用，进一步降低立模成本，从而降低整体施工成本。

11.2 空压机余热回收热水系统

11.2.1 适用范围

适用于热水需求量大、空压机房离生活区近（500m 内）、空压机使用频率高（平均运行 8h/台/天）的施工项目。

11.2.2 成果简介

常规方法：目前常见的生产热水的设备有电热水器、锅炉、太阳能热水器、空气能热水器等，通常各项目制备生活热水采用空气能热水器，该方式耗电高、经济性能差，使用过程中故障率高（图 11.2-1）。

新方法：采用空压机余热回收热水系统，在空压机工作过程中，通过该系统对油、水进行热交换，以达到制备热水和节能的目的（图 11.2-2～图 11.2-4）。

图 11.2-1 空气能热水器设备

图 11.2-2 自动控制系统

图 11.2-3 热能转换机

图 11.2-4 水箱

11.2.3 具体做法

（1）成果原理

螺杆式空气压缩机运行过程中，高温高压的油、气所携带的热量大致相当于空气压缩机功率的 1/4，其温度通常在 80～100℃之间。螺杆式空气压缩机通过其自身的散热系统来给高温高压的油、气降温，该过程中大量的热能自然释放到空气中。空压机余热回收热水系统通过循环水对螺杆式空气压缩机所产生的高温高压的油、气进行冷却，在提高空气压缩机产气效率的同时还可生产热水。

（2）成果组成

空压机余热回收热水系统主要由热能转换机、自动控制系统、循环泵、保温水管、保温水塔组成。

热能转换机由多片压制成人字型波纹的标准耐磨钢质和铜质复合材料经真空钎焊而成。相邻板片的纹路方向相反，波纹及脊线彼此相交，从而构成热交换器中的一个复杂的流道单元，让冷热流体流过，充分进行热交换。工作过程中利用空压机高温的机油（80～100℃）作热流体，水作冷流体，两种流体不断地在热交换器中循环，让水吸收机油热量升温。当循环水塔中的水温升到设定值时（45～75℃），自动泵运到保温水塔，并补给水到循环水塔。以此达到降低空压机运转温度，生产、储存热水的目的。

11.2.4　使用效果

（1）经济效益

以满足 300 人生活洗澡用水需求为例，与空气能热水器制备热水成本进行对比。

每套空压机余热回收热水系统，购置及安装成本约 11万/套（视空压机接入数量、保温水塔大小、管路长短等投入成本不同）。每套空气能热水器购置及安装成本约 15万元/套（视空气能功率大小投入成本不同）。

空压机余热回收热水系统工作制备热水时循环泵（0.4kW）及控制系统（0.005kW）需耗电，每天按空压机施工产气工作 12 小时计，耗电约 5 度。空气能热水器制备热水，通过电表计量，平均每天耗电约 500 度。

项目施工工期按平均三年计、电费按平均 0.7 元/度计，空压机余热回收制备热水系统较空气能热水器可节约成本为：$(150000 + 500 \times 30 \times 12 \times 3 \times 0.7) - (110000 + 5 \times 30 \times 12 \times 3 \times 0.7) = 414220$ 元。

同时，使用该系统后，空压机的运转温度可有效控制在 80～84℃的最佳运行温度以内，提高了空压机的产气量、产气效率，减少了散热风扇电机的工作时间。具体节约费用在后期使用中持续跟踪统计。

（2）社会效益

通过空压机余热回收热水系统制备热水，无需额外消耗电能，又实现空压机余能回收利用，起到节能减排的积极作用，适合广泛推广，具有较高的社会效益及环保效益。

11.2.5　改进方向

改造空压机余热回收热水系统，满足周转使用需求。空压机余热回收热水系统使用的管路是 PPR（三丙聚丙烯）管，且为满足用水及储水需要所使用的保温水塔较大（容积 10～15m^3），在项目完工后，管路只能破坏性拆除、水塔存在转场运输费用高易损坏的缺点。

将 PPR 管改为镀锌钢管，增加水塔数量、减小水塔容积，以便于水管和水塔的拆除及重复利用。

11.3 自动泥浆管法兰焊接设备

11.3.1 适用范围

泥水盾构泥浆管路法兰焊接。

11.3.2 成果简介

常规方法：在焊接泥浆管路的过程中，依靠传统的人工焊接，焊接质量完全依赖焊接工人的水平，存在很大的局限性。不同人员的焊接水平参差不齐，焊接效率也不尽相同，经常出现返工现象，焊接质量和效率难以保证（图 11.3-1）。

新方法：采用泥浆管路自动焊接设备，该设备不仅提高了焊接效率，节省了大量人工成本，还有效保证了焊接质量。防止人工焊接焊缝的不连续性、单面焊接的法兰变形、焊接均匀一致等问题，提高了焊接效率和表观质量（图 11.3-2 和图 11.3-3）。

图 11.3-1 传统方法焊接泥浆管路

图 11.3-2 自动焊接设备

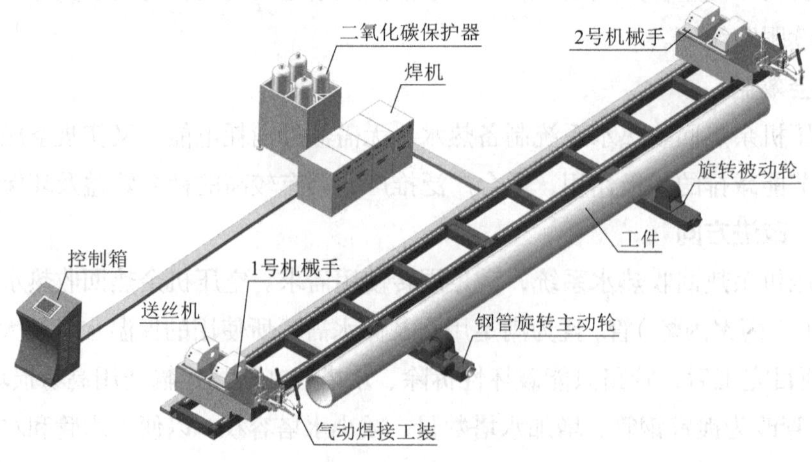

图 11.3-3 自动焊接工作原理图

11.3.3　具体做法

该设备通过无级调速的钢管旋转装置，可以有效控制管路旋转速度从而控制法兰焊缝厚度；机械手轨道采用直线导轨，精度高，运行平稳，位置运行全伺服控制，控制精准；焊枪采用浮动工装夹具，定位精准，可跟随定位，适应管径的圆度变化；且配置两套机械手，每套机械手两把焊枪，可实现法兰内外止口同时焊接（图 11.3-4～图 11.3-7）。

图 11.3-4　滚轮旋转装置

图 11.3-5　变频控制器

图 11.3-6　直线导轨和拖链

图 11.3-7　焊接工装

11.3.4　使用效果

项目设备研发投入总计38万。自动泥浆管法兰焊接机正式投入使用，两条隧道各3740m共需焊接管路 1870 根，使用自动泥浆管法兰焊接机和人工焊接成本费用对比计算出节约费用 337658 元（表 11.3-1）。

表 11.3-1　动泥浆管法兰焊接机和人工焊接成本费用对比表

项目	焊接效率	焊接质量	经济分析（元）			
			人工费用	电费成本	材料费成本	设备摊销费对比
自动法兰焊接机	15min/根	焊接连续、焊缝厚度均匀、精准、无夹渣气孔	27300	7724	14385	152000（81 元/根）
人工	240min/根	焊接过程中需要人工旋转，有接缝，焊肉厚度不均，易夹渣，有气孔	374000	128092	23375	13600（7.3 元/根）
费用差			346700	120368	8990	−138400
节约费用合计			337658			

11.3.5　改进方向

可从焊管机上料方式上研究改进，将当前人工门式起重机吊装改进为机械手自动上料，进一步增加自动化程度。

11.4　基坑锚索切割机

11.4.1　适用范围

周边地下存在锚索影响地连墙、支护桩等施工环境中。

11.4.2　成果简介

常规方法：传统的锚索切割设备采用的是金刚石绳锯。①设备操作程序复杂，操作工人需要完全熟悉操作程序后才可进行操作。②设备不具备移动功能，设备就位时整个设备都要进行移动，需要起重机进行配合使用。③夹持具需要频繁地下放槽坑固定和拆除拔出槽坑。④设备包含液压系统、金刚石绳锯、控制盘等外购件，成本高昂（图 11.4-1）。

新方法：采用基坑锚索切割机。①具备行走功能，可在工作区间内移动。②臂架具备翻转功能，能将大臂翻转到竖直状态伸入基坑中进行锚索切割作业。③夹持切割装置具备夹持及切割两种功能，通过夹持装置夹紧锚索，通过切割装置切割锚索。④臂架（底盘上与大臂连接）具备前移功能，通过臂座整体前移触碰锚索，确定锚索位置（图 11.4-2）。

图 11.4-1　金刚石绳锯切割现场

图 11.4-2　锚索切割机切割现场

11.4.3　具体做法

图 11.4-3～图 11.4-6 为锚索切割机切割锚索的一个工作循环。图 11.4-3 为锚索切割机行走就位状态，此时做好支撑；图 11.4-4 为锚索切割机的翻转竖直状态，支撑稳定后，臂架翻转伸缩到锚索附近之后，臂架平移触碰锚索，臂架上升一小段距离拉紧锚索；图 11.4-5 为锚索切割机的切割状态，锚索拉紧后，操作液压手柄，夹紧并切割锚索；图 11.4-6 为锚索切割机切割完成后大臂缩回状态，之后臂架缩回翻转达到图 11.4-3 所示的移动状态，支撑收回，此时锚索切割机可以前移，进入下一工作位。

图 11.4-3　基坑锚索切割机就位状态

图 11.4-4　基坑锚索切割机翻转竖直状态

图 11.4-5　基坑锚索切割机切割状态

图 11.4-6　基坑锚索切割机切割后大臂完成缩回状态

11.4.4　使用效果

在施工成本方面，金属绳锯切割一处锚索人工成本为 $4 \times 30 \times 2.4 = 288$ 元；采用新研制的锚索切割机进行锚索切割施工，切割一处锚索人工成本为 $3 \times 30 \times 0.8 = 72$ 元，成本节省 75%。

11.4.5　改进方向

设备智能化。针对锚索切割施工量大的项目，下放油管需要人工下放及观察，从而增加人工成本。把设备轻智能化为一个改进方向。

设备下放油管采用油管卷筒控制，配合大臂伸缩自动下放油管（图 11.4-7）。

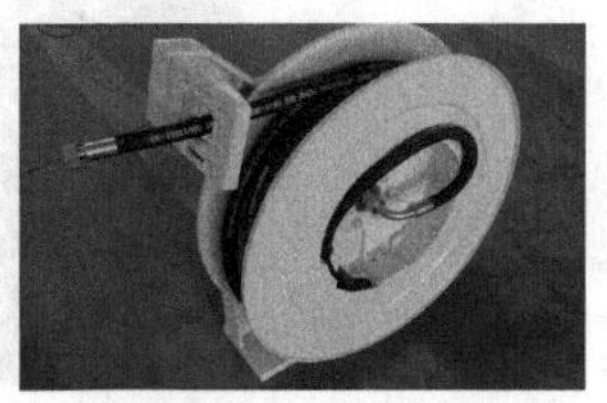

图 11.4-7　油管卷筒设备

11.5 移动式立面硬岩切槽机

11.5.1 适用范围

肋柱开挖、立面硬岩开挖。

11.5.2 成果简介

常规方法：外嵌式肋柱一般采用炮机直接破除，然后人工再进行风镐修整。常规方法开挖功效慢，易超挖，人工劳动强度大（图 11.5-1）。

图 11.5-1 炮机破除外嵌式肋柱

新方法：通过自制移动式立面硬岩切槽机，移动式立面硬岩切槽机定制切槽宽度与肋柱开挖宽度一致。移动式立面硬岩切槽机通过履带自行行走至拟施工部位。就位时，切槽机垂直于开挖面，底座距离开挖面 1.0m 左右，锯片与肋柱放样线基本重合；先通过调平支腿将工作平台调整至大致水平，再通过微调将工作平台调整水平，随后根据肋柱位置对工作平台进行左右调整至施工位置，再通过对工作平台进行前后调整，以锯片顶靠住开挖面为宜；启动切割控制柜，将锯片起升至作业最高点，手动控制切割结构锯片至切割深度，启动变频自动升降锯片机构，手动深度控制手盘保持切割深度，锯割最低点；退出锯片使锯割运行至水平安全位置，收调平液压缸，最后用破碎锤破除槽内岩石。具有对围岩无扰动、快速切割成槽、切槽后破除快速，且无超挖、成形好的特点（图 11.5-2）。

图 11.5-2 移动式立面硬岩切槽机

11.5.3　具体做法

通过自主研发的移动式立面硬岩切槽机，在电动液压履带自行行走底盘上安装电动双轮切割机，利用可上下、前后、左右移动的切割锯片，在立面岩层上一次性切割成形，然后炮机将切割后的岩体破除，快速形成柱槽（图 11.5-3）。

图 11.5-3　电动双轮切割机

11.5.4　使用效果

移动式立面硬岩切槽机准备工作时间短，免去搭建和移动简易操作平台时间，可以做到设备到位 5min 内即可开始切割作业。采用移动式立面硬岩切槽机进行肋柱施工，相比人工破除大大提高了开挖效率，以 2.5～3m 高的单根肋柱开挖为例，2 人采用风镐破除需约 20h，而移动式立面硬岩切槽机仅需 40min。移动式立面硬岩切槽机设备投入 15万元一台，综合比较，以往人工开挖每米可节约工程造价约 520 元，经济效益显著。

11.6 小断面隧道无骨架台车应用

11.6.1 适用范围

小断面隧道二次衬砌施工。

11.6.2 成果简介

常规方法：

（1）常规小断面模板台车：常规模板台车工人操作熟练度高，施工效率较快，但台车内部结构将占用出渣车辆运输空间，导致衬砌施工过程中，无法通过出渣及混凝土运输车辆，且二次衬砌施工完毕后需进行拆卸，同时现场材料用量较大，成本较高，现场可操作性不强（图 11.6-1）。

（2）可拆卸组装衬砌拱架：采用 I16 型工字钢制作，在衬砌时采用人工拼装，适应断面性较强，设备材料消耗较少，但拼拆过程耗费人力、时间成本较高，对项目的进度、成本管控方面不利。

新方法：小断面无骨架模板台车。台车内部空间可根据现场需求、力学分析进行调整，保留后期行车空间，且无需多次拆卸。在二次衬砌施工完毕后，即可进行正常的行车，确保了掌子面施工，且在确保施工安全、质量的前提下，有效的提高了现场施工效率，降低了劳动力消耗、材料消耗较少，总体成本较低（图 11.6-2）。

图 11.6-1 常规小断面模板台车

图 11.6-2 小断面无骨架模板台车

11.6.3 具体做法

无骨架模板台车前后采用门架结构，I16 型工字钢为主体受力构件，衬砌面板采用 2cm 钢板构成，模板台车受力检算合格。

（1）门架结构安装：前后门架结构由 I20 型工字钢焊接制作而成，为主要的受力结构（图 11.6-3）。

（2）支撑体系安装：施工过程中顶部模板支撑采用液压千斤顶与门架结构相连，前后门架使用 I16 型工字钢连接，连接工字钢上焊接丝杠底座，两侧模板使用活动丝杠进行对称支撑（图 11.6-4）。

图 11.6-3　门架结构安装

图 11.6-4　支撑体系安装

（3）衬砌面板安装：两侧模板使用 I16 型工字钢与门架使用螺栓连接，形成模板台车的整体受力结构。根据现场断面要求，面板焊接形成整体，可确保无漏浆。

面板布设 4 处施工窗口，两侧各 2 处，使得混凝土分层浇筑且形成有效振捣，确保施工质量达标。顶部设置 1 处混凝土浇筑孔，施工过程中同步埋设注浆孔，待施工完成后进行回填注浆（图 11.6-5～图 11.6-8）。

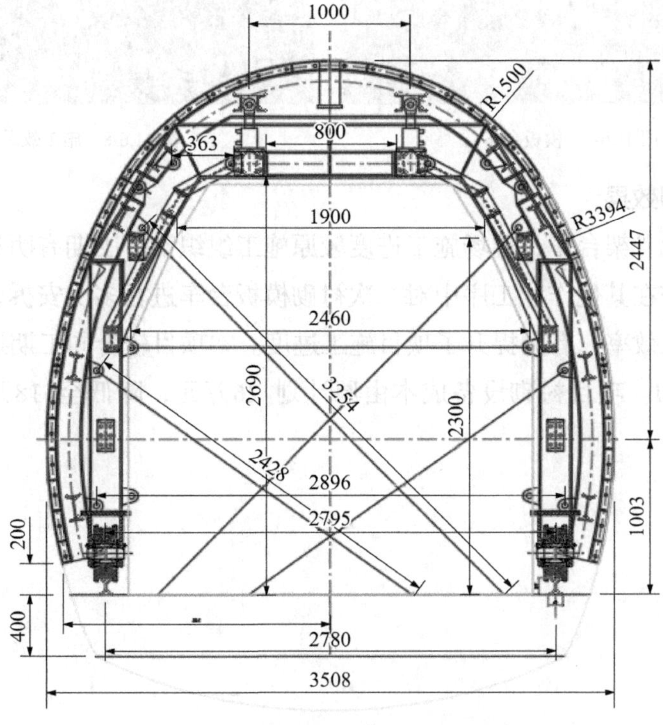

图 11.6-5　模板台车设计断面示意图（尺寸单位：mm）

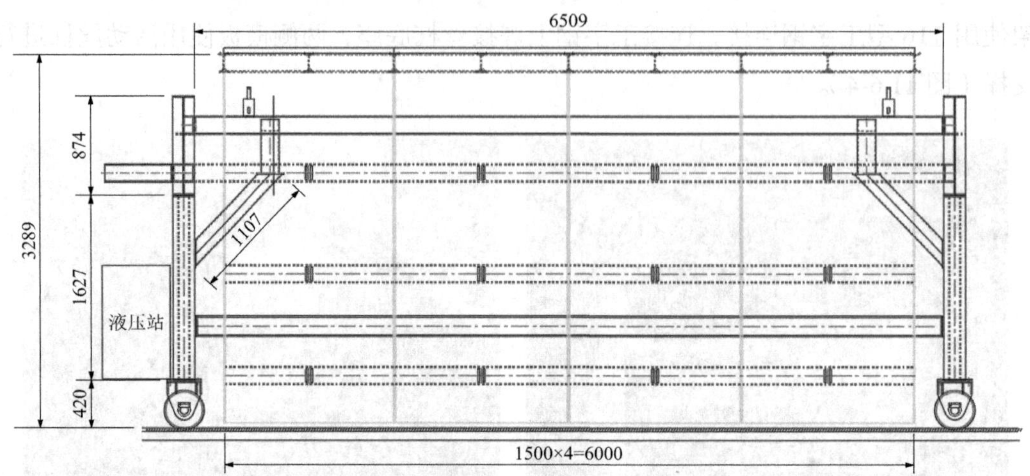

图 11.6-6　模板台车设计纵断面示意图（尺寸单位：mm）

图 11.6-7　模板台车

图 11.6-8　施工效果

11.6.4　使用效果

使用小断面无骨架台车，现场施工进度较原施工组织设计工期有明显提升，单工序作业有序进行，无需在其他作业工序中对二次衬砌模板台车进行多次安拆，确保后续施工的连续性，提高施工效率，有力提升了项目施工进度。本项目较合同工期提前 20%完成，有效保证了履约能力。项目衬砌设备成本由原计划 26万元，降低至 18万元，成本降低率 30.77%。

11.7　深大竖井主体结构逆作法作业平台

11.7.1　适用范围

深大竖井主体结构施工。

11.7.2　成果简介

常规方法：竖井采用逆作法施工方式，一般采用开挖一层、施作一层，每一层结构施工完成后，需待强度满足要求后，方可进行下一层结构施工。一般深大竖井主体结构梁体、侧墙的数量较多，进行环梁及侧墙工序转换耽误时间长，影响整体工期。

新方法：待该层环梁达到设计强度 80%后，通过在已完环梁结构侧面增加 2m 宽作业平台，为环梁上方侧墙施工提供作业及防护，保证主体结构侧墙与下一层环梁同步施工（图 11.7-1）。

图 11.7-1　逆作法侧墙施工作业平台

11.7.3　具体做法

（1）侧墙施工操作平台采用 100mm × 10mm 角钢@2.4m 进行制作，上部布设 14 号工字钢@450mm，在工字钢上铺设 10mm 厚钢板，顶部与环框梁顶平齐，通过在环框梁内预留套筒，将操作平台固定在环框梁上，外侧安装 1.2m 高防护栏杆，满挂密目网，确保作业平台平齐。

（2）为了便于侧墙加固，在侧墙上、下部 200～300mm 位置浇筑前，预埋侧墙支模架体系拉结螺栓，便于对侧墙模板进行加固，螺栓采用ϕ25 钢筋制成，锚入侧墙长度 35d（d 为直径），外露长度不小于 400mm，丝扣长度不小于 6cm。各预埋件相互间距为 600mm，现场预埋时要求拉通线，保证预埋件在同一直线上，上、下对称设置。拉结螺栓在预埋前需对螺纹丝扣采取保护措施，防止浇筑混凝土时污损丝扣，影响螺母连接；同时还应在相应部位增加附加钢筋与拉结螺栓点焊防止浇筑混凝土时预埋件跑位或偏斜。

（3）侧墙施工采用三角支架模板系统，起重机配合组装。三角大模板支架体系分为三角钢架支撑和现场拼装的模板系统。三角支架分为2.0m高的标准节和1.35m、0.75m高的加高节（图11.7-2）。

图11.7-2 三角支架模板体系作业平台

（4）侧墙大模板面板采用PVC高分子模板，内龙骨采用方钢管50mm × 50mm × 3mm，间距375～525mm；外龙骨采用轻质桁架，间距600mm。架体上口采用M18普通螺栓，与环梁预埋钢筋拉结，间距600mm，背楞采用钢制三脚架组合而成。在环框梁混凝土施工时，侧墙部分要比环框梁顶面向上浇灌 200～300mm。在浇灌混凝土前水平埋入一排ϕ25@600（U型钢筋），作为侧墙大模板的底部支撑的地脚螺栓拉节点。在施工过程中必须确保此部分侧墙轴线位置和垂直度的准确，以保证上下侧墙的对接垂直、平顺。对于单面侧墙模板，采用单面侧向支撑钢制型钢三脚架，通过预埋ϕ25 拉锚螺栓和支座垫块固定。纵向间距同模板竖龙骨间距，距离侧墙表面150mm（图11.7-3）。

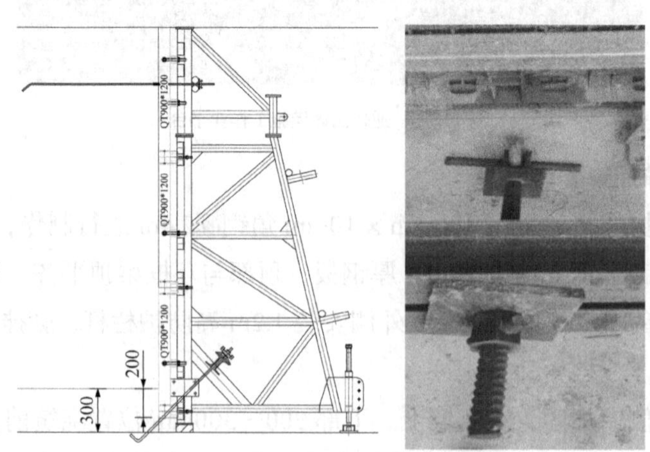

图11.7-3 拉结螺栓（尺寸单位：mm）

11.7.4 使用效果

逆作法结构，在竖井环框梁外侧作业平台，确保了主体环梁、侧墙同步施工，大大加快了主体结构施工速度，确保了后续施工的连续性，有力提高了项目施工进度，并有效提高了施工中的安全性。

11.8　立柱整体式操作架

11.8.1　适用范围

大量相同尺寸的结构立柱施工。

11.8.2　成果简介

常规方法：采用盘扣式或钢管扣件式脚手架搭设结构立柱作业操作平台，每个立柱施工需要重复搭设和拆除脚手架，施工效率较低，成本投入较大；且频繁搭设和拆除立柱操作平台，造成高处坠落安全风险增大（图 11.8-1）。

图 11.8-1　盘扣式或钢管扣件式脚手架搭设

新方法：对于大量立柱施工的项目，采用方钢立柱整体式操作架，能快速完成施工操作平台，施工完成后转移至下一根立柱施工区，可以让立柱施工时间进一步缩短，方便下步工序施工。立柱整体式操作架受力较好，同时立柱尺寸相差不大，操作架可重复利用，减少了成本投入，也减少高处坠落安全风险。

11.8.3　具体做法

采用 5cm × 5cm × 6mm 方钢管主体框架，重量较轻，ϕ14 钢筋作为剪刀撑。第一节长 6m，重 0.9t；第二节灯笼架长 5.55m，重 0.7t。可根据实际情况使用塔式起重机或汽车式起重机进行整体吊装或者分段吊装，达到转运方便的目的。减少过程中搭设时间，达到缩短施工时间的目的。操作架上部护栏在加工操作架时定形焊接制作，达到高空作业临边防护可控的目的。人员上下通道和施工平台，在地面提前加工，质量检验方便，确保人员施工安全。安全防护及标示标语可在加工完成，吊装之前在地面完成安装，吊装过程中不用拆卸，节约成本。

（1）立柱整体式操作架主要由 5cm × 5cm × 6mm 方钢管、钢丝网、ϕ14 钢筋（剪刀撑）、20cm × 20cm × 1cm 钢板（底托钢板）组成。操作架材料进场后及时送第三方检测单位进行检测，检测不符合要求的材料，严禁投入使用。

（2）根据立柱尺寸，根据现场施工实际情况、实际重量、人操作空间、模板安装拆卸等因素，确定灯笼架尺寸，留有充足操作空间，画出 CAD 图纸，采用 midas 有限元分析软件建模，对灯笼架进行受力分析。本次灯笼架共分为两节，第一节在底部，节高为 6m，每层高度为 1.95m，合计 3 层。第二节高度为 5.5m，层高为 2m，合计 2 层，上部设置 1.5m 高临边防护。第一节与第二节分别焊接钢板，钢板留置螺栓孔，方便第一节与第二节的连接。其余钢丝网、方钢管、剪刀撑等全部采用焊接，要求焊接质量达到《钢结构焊接规范》（GB 50661—2011）要求。为避免造成操作架在吊装过程中变形，吊装点设置在竖向立杆上，采用 4 个吊点平衡起吊。

（3）搭设流程及安装方法：将材料按图纸进行下料→焊接底层骨架→焊接立杆→焊接第二层骨架→焊接剪刀撑→按以上步骤逐层焊接→焊接爬梯及设置顶层防护网。根据框柱尺寸，加工操作架，内侧立杆距离柱边缘不小于 40cm，以留出安装模板的操作空间。方管操作架骨架采用规格为 50mm × 50mm × 6mm 的方管，用ϕ14 钢筋作为操作架的剪刀撑及护栏的加固材料，内空平面尺寸为 2.6m × 2.8m，外围平面尺寸为 3.6m × 3.8m。

按图纸尺寸要求进行材料配料，在一块硬化平整的场地进行加工，先将底层骨架摆放齐整，在骨架交接部位依次焊接牢固，然后放置好立杆，底部与底层骨架进行焊接，再进行第二层骨架焊接，焊接第一层剪刀撑。按以上步骤逐节焊接加工，最后焊接爬梯及加固顶层防护栏，在操作架外侧用 50mm × 50mm × 6mm 方管间距 0.4m 焊接上下爬梯，爬梯宽 0.5m，在每层操作平台上焊接钢丝网，在顶层外围防护栏杆设置安全密目网。加工完的成品，放置在指定区域，经项目部验收合格后方能使用。安装时，采用塔式起重机或汽车式起重机吊至框柱部位，分节安装，安装时地基需进行平整，且施作混凝土垫层，控制好灯笼架垂直度，第一节安装平稳后再进行第二节安装，接触部位需设置挡块，防止第二节滑移（图 11.8-2～图 11.8-4）。

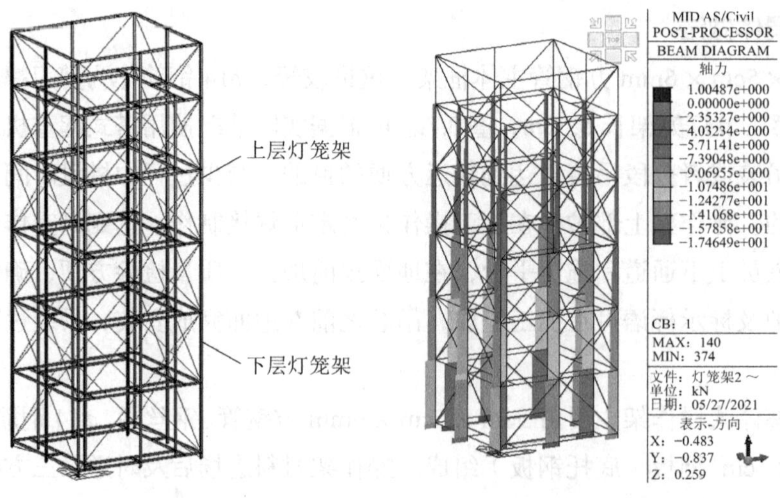

图 11.8-2　操作架计算模型　　　　图 11.8-3　轴力图

图 11.8-4　立柱整体式操作架局部与整体

11.8.4　使用效果

（1）安全防护提前安装，措施可控。

实现临边防护使用钢筋、方管等提前焊接，防护网提前安装，外部设置剪刀筋，避免作业人员每次施工前重新安装临边防护，或施工临边防护不到位的情况；同时使用钢丝网作为人员行走通道，有效避免了使用翘头板等问题的出现。安全防护措施得到提前控制，确保了作业施工安全，整体效果较好，文明施工得到有效保证。

（2）缩短施工时间，提升工效。

立柱整体式操作架在立柱施工前即可加工完成，立柱施工时使用汽车式起重机及平板车转运至场区，使用起重设备进行吊装即可，后续施工转运因场区塔式起重机全覆盖，可直接使用塔式起重机进行起吊安装，1 根立柱操作架安装 3 人平均时间约 1h，拆除时间约 1h。根据实际情况，搭设盘扣或扣件等钢管脚手架，需要耗费 5 人，搭设 1d，拆除需要 2h。使用整体式操作架连接简单，安装方便快捷，后续材料不需清理。

（3）循环使用，节约成本。

①方钢管整体式操作架：本项目根据工期节点计划，流水施工，加工 40 个，其中每个操作架 1.66万元，合计成本 66.22万元。

②盘扣式操作架：本项目具有 757 根立柱，其中每个操作架需要花费 1608 元，木板计划 30 套，费用为 12600 元，合计花费 122.99万元。

③扣件式操作架：搭设扣件式脚手架人工消耗较大，约 10 个工日，成本较高，不作为对比。

经过以上对比分析得出，使用方管整体式操作架相比盘扣操作架节约 56.77万元，使用方管整体式操作架经济性更高。

11.8.5　改进方向

（1）可对操作架统一涂刷油漆，起到防腐防锈作用，且美观大方，提升企业现场施工形象；对上下爬梯增设护栏扶手，确保人员上下安全、方便。

（2）在立柱施工地面非混凝土等坚实路面的情况下，需在操作架底部施作混凝土垫层，设置缆风绳，防止架体倾倒。

11.9 门式起重机渣土吊装专用轨道称重

11.9.1 适用范围

适用于土压盾构出渣门式起重机，用于门式起重机对渣土垂直吊装的精准计量控制，严格控制土压盾构出渣量，防止超排。

11.9.2 成果简介

常规超载限制器：在钢丝绳固定端头绳端安装传感器（图 11.9-1），通过信号线将信息传递给驾驶室显示屏，起吊重量在合理范围内可正常起吊，达到预警值则发出报警，超过限制值变频器断电，起重机停止作业。此类型传感器容易受风力等外部因素影响，误差范围大，不适用于对限制器精度要求高及露天起重机使用。

图 11.9-1　传感器安装效果

门式起重机渣土吊装专用轨道秤（图 11.9-2）最大的特点是其传感器直接安装在小车轨道中间，小车车轮直接作用在传感器上，传感器之间的距离和小车轮距、轨距一致，小车的所有车轮直接把力传递给传感器，这样传感器得到直接有效的信号，通过仪表对信号进行处理，转换为实际重量。此类型轨道秤数据精准，不易受外界因素干扰，能够很好地适用于各类型门式起重机。

图 11.9-2　称重显示器

11.9.3　具体做法

（1）根据项目门吊小车轨道规格选择匹配的轨道秤，避免因轨道尺寸不匹配造成的限制器无法正常使用。

（2）项目根据门式起重机最大起重吨位及小车重量选择合适量程的轨道秤，避免因量程偏小、偏大造成的无法精确测量重量。

（3）在门式起重机小车轨道上选择合适的位置进行轨道称的安装，宜选用每次吊装小车均需通过的位置，不宜选用小车轨道两端头，小车行走轮与传感器位置不匹配，不利于精准计量。

（4）轨道秤信号线铺设时应放置于门吊大梁上方线槽内，不宜将信号线不加任何防护放置于门式起重机大梁上。

11.9.4　使用效果

使用该轨道秤后能够精准地掌握每斗渣土及其余被吊物的重量，避免因重量不明、计量不准确导致出渣量统计的偏差过大；同时精准的计量也让司机能够更快地掌握被吊物重量，便于更加准确地吊装，缩短了工序时间。

11.9.5　改进方向

因每台门式起重机轨道磨损量不一致，在购置轨道秤时应对轨道尺寸进行复测，积极同轨道秤生产厂家沟通，保证项目所购置的轨道秤能够完美地契合现场起重机。

第 3 篇

环保篇

第12章
环保文明施工类

12.1 干粉喷浆料储存罐管理

12.1.1 适用范围

基坑围护结构喷锚桩间网喷施工。

12.1.2 成果简介

常规方法： 常规挂网喷浆施工，施工前需先行建设搅拌站、砂石水泥料仓等，施工场地要求较大；采用现场堆放、拌料，施工前需要建设搅拌站封闭棚，且环境污染较大（图 12.1-1）。

新方法： 采用“干粉喷浆料储存罐”设备，采用干粉喷浆料储存罐需占用场地 3m × 3m = 9m^2，解决了场地狭小不能存放大堆料的问题。防止喷浆过程中扬尘环保问题，避免了大堆料堆放扬尘问题，减少了防尘网及覆盖打扫人员的投入，有效控制施工中对环保的要求，规避了因自身原因造成的环保停工、巨额罚款风险（图 12.1-2）。

图 12.1-1 常规挂网喷浆施工现场

图 12.1-2 干粉喷浆料储存罐

12.1.3 具体做法

干粉砂浆通过散装运输车运输到工地后，由车辆的气力输送系统，将砂浆输送干粉砂浆搅拌站的罐体中，然后在罐体的排气口使用除尘设备进行收尘。罐体中的干粉砂浆靠自身重力和罐体振动电力的振动使干粉砂浆均匀下落，通过罐体下端链接的蝶阀进行流量控制，正常使用时开在最大位置。

当干粉砂浆进入搅拌机后，在搅拌机推进端进行预搅拌，然后通过螺旋推进轴进行强制式定量输出，当进入搅拌端后，有水泵提供恒定量水源，砂浆和水经过搅拌混合为湿砂浆，并通过出料口匀速下落，粉尘、落地灰、二氧化碳的排放量大大降低（图 12.1-3）。

（1）运行人员认真履行巡检责任，在设备故障或管道堵塞时及时通知检修。

（2）在第一次进行喷浆作业时应时刻关注压力表、喷浆效果，待各项数值达标后方可进行整体喷浆工作。

（3）在喷浆完成后应及时清理管道，避免下次使用时管道堵塞。

图 12.1-3　干粉砂浆使用示意图

12.1.4　使用效果

常规挂网喷浆施工，拌料、喷浆需要 6～8 人完成的工作，使用罐装储存罐底配有搅拌装置并接入水口开关对干料加湿后直接放料进入喷浆机内喷浆，需要 3 人即可完成，常规挂网喷浆施工，砂石料进场采用收方计量，采用干粉喷浆料是罐装运输按过磅验收。常规挂网喷浆施工，采用现场拌料，原材搅拌量仅能根据现场量测及施工经验预判，施工后多余喷浆料只能废除，采用干粉喷浆料储存罐，现场施工随喷随放，解决了大堆料验收存在的亏方及自拌过程中的损耗问题。常规挂网喷浆施工，搅拌站上料需配备一台装载机，采用干粉喷浆料储存罐 + 干粉喷浆商品料，罐子由厂家免费提供使用，无需配置上料机械。常规挂网喷浆施工，采用现场堆放、拌料，施工前需要建设搅拌站封闭棚，防止喷浆过程中扬尘环保问题，采用干粉喷浆料储存罐，运输为厂家罐装运输、搅拌为罐装储存加湿搅拌喷浆，避免了大堆料堆放扬尘问题。经测算，常规挂网喷浆施工，基建 + 人工 + 设备 + 材料 + 燃油等测算出每立方锚喷成本为 596.72 元，采用干粉喷浆料储存罐 + 干粉喷浆商品料每立方锚喷成本为 553元，干粉喷浆料储存罐 + 干粉喷浆商品料具有一定价格优势。

12.1.5　改进方向

（1）打料时扬尘问题

料车向罐里输送料时料口处存在扬尘问题，应在打料口加设防尘装置（图 12.1-4）。

图 12.1-4　防尘装置

（2）智能供水系统

进行喷浆作业时对供水要求严格，需安排专业人员进行供水，容易出现离析现象，需优化为智能供水。

12.2　盾构始发井混凝土及时回填工序优化

12.2.1　适用范围

盾构始发井施工。

12.2.2　成果简介

常规方法：在始发负环拆除后，为尽快恢复盾构掘进，在始发井底板未浇筑的情况下，在洞口通过安装马镫以供架设电瓶车行走轨道。盾构掘进过程中，盾构始发端头井泥浆需采用人工清理，人工清理不彻底且投入成本大，施工场地不整洁，导致现场文明施工管理难度大。电瓶车行走发生“跳轨”风险增高，在隧道贯通后，要花费时间拆除马镫，清理泥浆，整体成本增加（图 12.2-1）。

图 12.2-1　常规做法

新方法：在始发负环拆除后，开始洞门环梁施工，同时进行端头井混凝土填充施工，在端头井混凝土回填区域侧边预留洞内外施工污水排放集水坑，集水坑定期采用小型挖机进行清理，清理泥浆直接装入渣土箱吊运，端头井人行通道及电瓶车行走区域采用防护栏杆隔离，端头井场地布置规范整洁，现场文明施工得到明显提升，在节约工期及成本的同时保障了施工安全（图 12.2-2）。

图 12.2-2　始发井混凝土及时回填

12.2.3　具体做法

现场调整施工工序，在始发负环拆除后，开始进行洞门环梁施工，同时提前进行混凝土填充施工。在负环拆除后，对底板进行清理，清理时作业班组开始搭设脚手架，清理完成后进行填充施工。

洞门环梁施工工序：洞门植筋—防水材料安装—钢筋绑扎—模板安装—混凝土浇筑。填充高程根据隧道内轨道高度和车站底板高程进行确定。在端头井混凝土回填区域侧边预留洞内外施工污水排放集水坑，盾构施工时便于隧道内泥浆排除和清理。填充混凝土达到初凝后，开始安装轨枕和轨道。

隧道正常掘进阶段，按 2 个月一次对洞口集水坑使用挖机进行清理，单个隧道须清理 3 次。左右线同时掘进时，共需清理 4～5 次。洞门环梁、填充施工完成后，端头井文明施工形象明显改观，建设单位及上级单位检查获得好评，提升企业施工形象（图 12.2-3）。

图 12.2-3　盾构始发井混凝土及时回填

12.2.4　使用效果

以 1 个洞门为例，洞门施工时间约 7d，填充浇筑等强时间为 3d，马镫安装（及拆除）时间约 4d。调整施工工序后整体施工时间缩短约 4d。单个隧道节约加工所需钢材（以 30a 工字钢为例）约 4t。

填充施工完成后，端头井人员行走通道及电瓶车行走通道采用防护栏杆隔离，保障人员及车辆行走安全，洞内泥浆在集水坑采用机械定期清理，端头井场地整洁，现场文明施工得到了明显提升。

12.3 隧道排水清污分流管理

12.3.1 适用范围

适用于隧道出水量较大、地处自然保护区、周边生态环境脆弱及周边存在饮用水源保护地的项目群。

12.3.2 成果简介

常规方法：隧道边墙及二次衬砌的渗水经排水沟流经掌子面，与隧道掌子面污水及冲洗路面的污水汇集后变成污水，采用抽水机抽排至隧道污水处理站，对掌子面污水的抽排加大负荷，时间加长，影响正常的施工生产。对隧道污水处理设备加大负荷，污水处理不充分，发生虹吸现象，污水需经过二次处理，且需要增加药量，成本增加且处理后的水质较差（图 12.3-1）。

图 12.3-1 隧道内污水

新方法：在掌子面 150m（仰拱施工完成段）开始对清水进行收集，通过清水沟将清水和污水进行分流，清水通过清水沟流至清水泵站，通过清水管道直接排放至洞口二级清水箱，通过管道直接排放至水源保护区下游（图 12.3-2～图 12.3-4）。

图 12.3-2 清污水沟施作

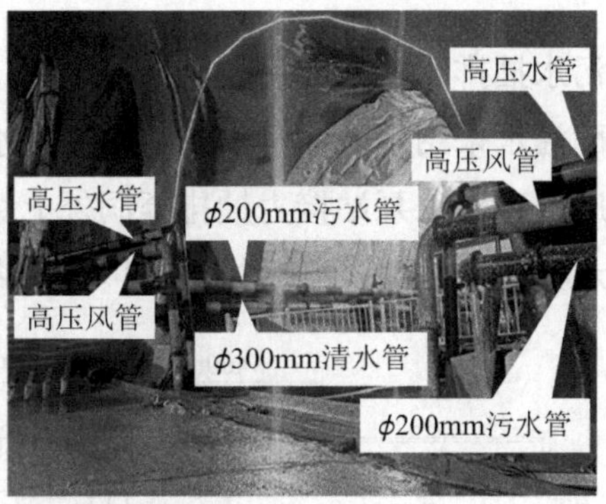

图 12.3-3　清污泵站建设

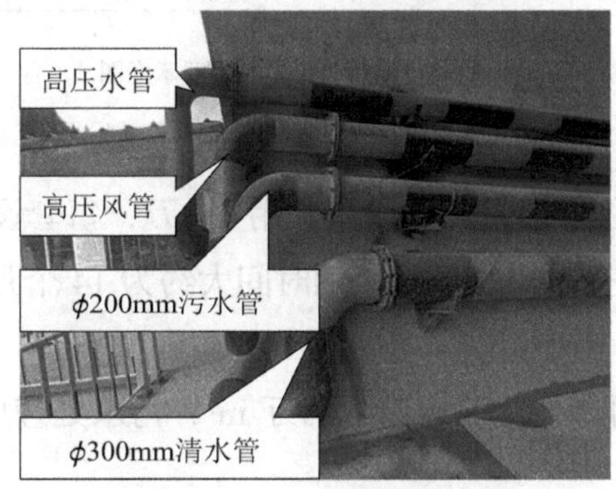

图 12.3-4　清污管道及水箱布设

12.3.3 具体做法

（1）清水、污水界定。

斜井建井期间根据清污分流设计文件规定钻爆法施工段落从掌子面至底板 150m 范围内涌水皆为污水，从掌子面 150m 处至洞口段初期支护渗水均为清水。

（2）清污分流总体实施。

清水通过底板两侧侧沟收集至清污泵站清水仓后由洞内清水管排出洞外。掌子面至洞口方向 150m 范围内污水由掌子面污水泵抽排至掌子面后方污水积水箱，再由污水箱抽排至就近清污泵站污水仓后通过污水管路抽排至洞外七级沉淀池沉淀，由洞外排污 PE（聚乙烯）管路排放至隆巴沟斜井污水处理站处理后排放。

（3）清水收集。

斜井底板设置单面坡，路面污水引流至右侧路边污水排水沟流入井底；在侧墙底两侧设置清水排水侧沟，收集初期支护、二次衬砌排水孔内渗水，侧沟设置盖板，防止尘土污染清水，清水通过底板两侧侧沟收集至清污泵站清水仓后由洞内清水管排出洞外。

（4）清水抽排。

清水通过底板两侧清水渠汇集至清水泵站，斜井建井期间至井底共设置 3 级泵站接力抽排，清水采用清水管路抽排至洞外检测合格后排放至自然沟渠，通过自然沟渠顺流至伊雅河内。

（5）污水抽排。

掌子面污水采用掌子面污水泵收集至污水箱，由污水箱抽排至就近污水泵站后，斜井建井至井底通过污水泵站接力抽排至洞外七级沉淀池，经七级沉淀池沉淀后通过输水管理排放至污水处理厂处理合格后排放至伊雅河内（图 12.3-5）。

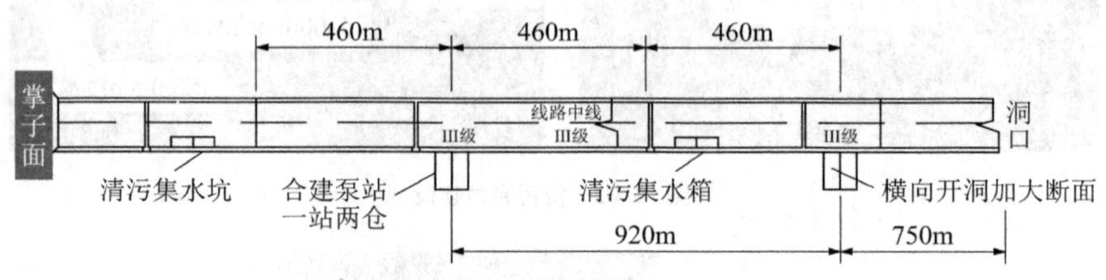

图 12.3-5　清污分流泵站设置示意图

12.3.4　使用效果

一处泵站建设费用大约为 24万元，设备费用 110万，每套设备在完成第一泵站抽排任务后转移至第二泵站，共花费约 160万，使用时间大约为 14 个月，且设备费用含在抽排水费用之中。

清污分流实施之后每月节约的污水量约 6万 m^3，污水处理成本大约节约 179.2万，且出水水质效果较好。

12.3.5　改进方向

清水收集时易污染问题。清水沟盖板之间存在缝隙，路面清洗时容易将污水冲进清水沟。应采用无缝衔接盖板或对盖板缝隙进行填堵。

12.4　小型污水处理系统

12.4.1　适用范围

隧道废水或地下连续墙、打桩施工泥浆处理。

12.4.2　成果简介

常规方法：隧道内废水经隧道口经沉淀池沉淀后进行排放，当隧道内水流量较大或沉淀池清理不及时，易造成河道污染，无法满足环水保要求，易发生环境污染事件（图 12.4-1）。

图 12.4-1　常规方法废水处理

新方法：在每个隧道口分别安装了污水处理系统，先将隧道废水排至隧道口临时存放池，将废水从存放池抽入污水处理设备，经混凝沉淀后再进行压滤处理，将废水转化为固体泥饼和清水，清水可循环利用，也可直接排入河道，确保现场施工污水排放达标（图 12.4-2～图 12.4-5）。

图 12.4-2　污水处理系统

图 12.4-3　处理后污水取样

图 12.4-4　隧道污水处理后排放水质情况

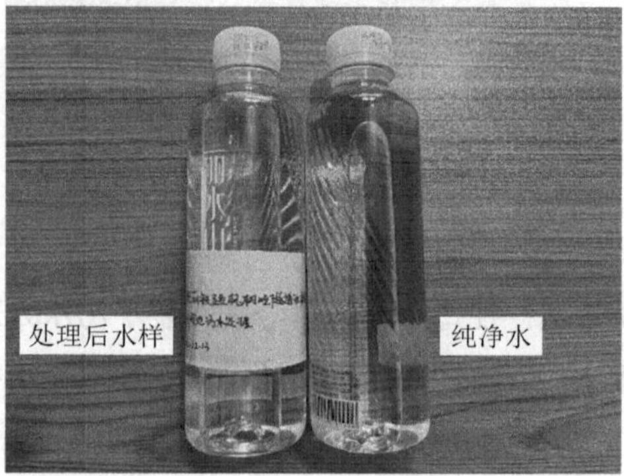

图 12.4-5　水样对比

12.4.3　具体做法

（1）在每个隧道内安装清污分离管道，分别设置清水、污水集水池，清水直接抽到洞外排水沟或集水箱再流入河道，污水经集水箱沉淀后抽排到洞外沉淀池（图 12.4-6 和图 12.4-7）。

图 12.4-6　洞内配置管道和集水箱

图 12.4-7　洞口清水排放

（2）隧道废水排至隧道口临时存放池，将废水从存放池抽入污水处理设备，污水处理选择沉淀固液分离处理工艺，采用物理化学法中的混凝沉淀法，洗选废水经沉淀去除废水中的大颗粒物质，出水进入混凝反应池，在废水中投加混凝剂或絮凝剂，使水体中的微小颗粒和溶解于水中的污染物产生聚合反应，形成较大的团粒絮状物（俗称“矾花”），由于矾花的比重大于 1，因此在自身重力的作用下沉淀于水体底部，使污染物与水体分离，经混凝沉淀后再进行压滤处理，将废水转化为固体泥饼和清水，清水可循环利用，也可直接排入河道，确保现场施工污水排放达标（图 12.4-8）。

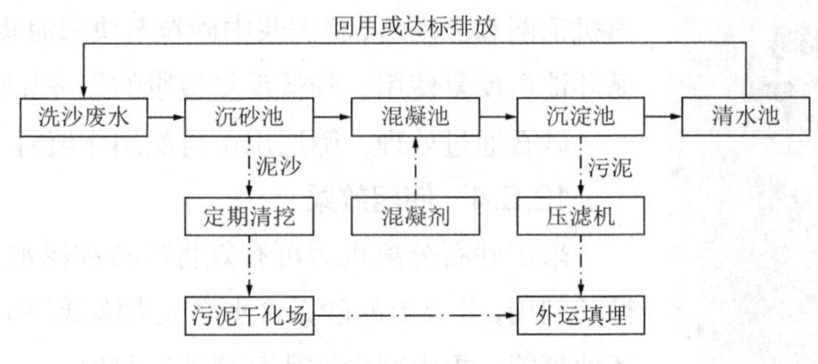

图 12.4-8　废水排放流程图

12.4.4　使用效果

项目开工至今，投入环保设施主要有：污水处理设备 3 套，增设排水管路 2588m，共计环保投入 102.24万元（表 12.4-1），开工至今未发生环境污染事件，环水保管理得到外部单位的一致好评，营造了良好的企业形象。

表 12.4-1　项目环保设施投入一览表

序号	环保设施名称	工点	配置数量	单价（万元）	总价（万元）
1	污水处理设备	隧道口	3 套	29	87
2	排水管路	隧道	2588m	58.87	15.24
合计	—			—	102.24

12.5 钻渣分离装置应用

12.5.1 适用范围

适用于桥梁施工的基础桩孔施作（采用冲击式钻机），尤其是环保要求较高的地区。

12.5.2 成果简介

常规方法：采用冲击钻机施作基础桩孔时，泥浆指标为钻孔作业控制重点。钻孔过程中，沉淀池内会沉积大量砂石。常规做法为定时清理外运处理，成本较高。清理时会带走大量泥浆，需重新造浆补充。

图 12.5-1 泥浆分离机

新方法：泥浆可通过砂石分离机将泥浆和砂石分离。泥浆存入循环池重复利用，减少造浆量或缩短造浆时间，分离出的砂石筛选后可再次利用。

12.5.3 具体做法

在孔口设置砂石分离机，将孔内泥浆引入分离机，通过分离机筛网和振动后，将泥浆中砂粒石块和泥浆分离，泥浆存入循环池可反复使用，降低反复造浆的经济和时间成本。

砂石通过处理，筛选出可再次用作填料（图 12.5-1）

12.5.4 使用效果

采用砂石分离机后可有效将砂石和泥水分离，实现泥浆循环利用，分离出的砂石含水率大大降低，初步晾晒后可用于场地填筑，极大减少钻孔弃渣外运数量。

按泥浆外运处理计算，采用混凝土运输车外运，2km 内按 500 元/次，至少可节约 1.4万元。

12.6 盾构始发车站中板环形门架式立体吊装机构

12.6.1 适用范围

地铁盾构施工中受场地狭小条件制约，利用既有车站中板存放油脂油料、小型材料，利用该机构能够实现材料在中板的快速存放转运并能直接吊装下放至机车编组上，适用于地铁盾构施工项目。

12.6.2 成果简介

常规方法：在各个盾构项目施工过程中，难免会遇到场地狭小的问题，为保证项目的顺利施工，各项目多会采用向车站中板放置各类物料的方式来解决，使用时采用叉车或者液压小车来移动物料，再通过门式起重机吊装下井。此类方式方法经多次倒运，时间长、效率低，不利于加快施工进度。

新方法：在中板位置架设环形简易门字架，安装自行式电动葫芦，通过中板预留洞口将材料吊装放置于机车编组上，电动葫芦吊装可与翻渣、下管片等工序同步进行，节约工序时间，提高工作效率，同时电动葫芦的购置安装投入远低于叉车租赁购置的费用投入，节约了施工成本（图 12.6-1）。

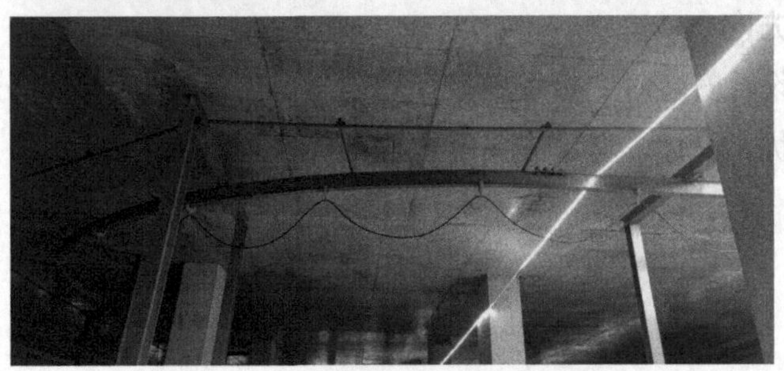

图 12.6-1　电动葫芦和环形简易门字架

12.6.3 具体做法

（1）项目根据车站中板高度架设匹配的门字架，避免因高度不匹配造成的安装困难。

（2）项目根据需吊物的重量跟距离底板的高度选择匹配的电动葫芦，避免因起重量不足、吊链长度不够导致的被吊物不能正常吊装。

（3）将电动葫芦安装在门字架上，委托第三方检验单位对门字架的稳定性进行检验，合格后方可正常使用。

（4）材料到场后，通过门式起重机将材料运输至中板吊装平台，电动葫芦将材料运输至指定区域存放，需要使用时，通过电动葫芦将材料从中板预留洞口吊至机车编组上，电动葫芦起升，返回预定停留位置，完成吊装。

12.6.4 使用效果

材料由门吊吊装至中板后，通过电动葫芦可以迅速将材料放至指定位置，便于中板材料的归纳整理（图 12.6-2）。

图 12.6-2 材料吊装

在门吊翻渣、下管片时，电动葫芦可进行油脂、泡沫剂等物品的吊装，不用等到门式起重机翻渣、下管片完成后才进行油料、泡沫剂等物品的吊装，缩短了工序时间。

12.6.5 改进方向

因电动葫芦在设计安装时中板场地设计规划与现在存在差别，部分地方电动葫芦不能覆盖到，需进一步优化设计，保证主要区域均在其吊装范围内。

12.7　土压平衡顶管施工渣土垂直运输技术

12.7.1　适用范围

采用土压平衡矩形顶管施工的隧道渣土运输方式。

12.7.2　成果简介

常规方法：目前采用土压平衡的矩形顶管顶进施工过程中渣土运输基本采用运输轨道 + 动力平板小车 + 土箱组成，或者采用运输轨道 + 无动力平板小车 + 土箱 + 卷扬机组成。渣土自土仓至螺机进入土箱内，然后土箱沿洞内轨道水平运输至井口位置，采用垂直起吊至地面，水平吊至渣坑卸土。该渣土运输方式的水平及垂直运输耗费大量时间，顶进越长耗时越久。每顶进一节管节需多次起重吊装，安全风险高；每顶进一节需多次停机，施工风险和周边环境风险高。

新方法：采用一种连续输泥泵，将顶管机螺机的渣土通过输泥泵泵送至地面渣坑，有利于加快施工进度、降低施工风险和环境风险。

12.7.3　具体做法

根据项目矩形顶管施工情况，引入连续输泥泵。将顶管机螺机的渣土接入输送泵料斗内，采用ϕ150 泵管一头连接输泥泵，沿隧道内连接至井口位置，垂直延伸至地面再水平接入渣坑。通过水平柱塞式液压输泥泵进行泵送作业，在输泥泵的出料口处设置减阻剂变量加注泵，降低泥在输送管道内的摩阻系数。根据输送距离，备用一台接力泵，确保渣土输送至地面渣坑。为确保管路输送效果，每 60m 处设置一套管路减阻系统。连续输泥泵输送量根据顶管顶进速度设置，顶管顶进过程中由专人负责输泥泵开关运行工作。

连续输泥泵技术规格参数见表 1，输泥泵由喂料泵送单元与动力单元两个独立机体组成，彼此间通过油管与电线连接器组成一体（图 12.7-1～图 12.7-5）。

表 12.7-1　连续输泥泵技术规格参数

序号	名称	单位	参数
1	设备型号	—	NBS8013 分体式
2	最大理论输送量	m^3/h	82/41
3	最大出口压力	MPa	高压 13
4	泥缸缸径 × 行程	mm	200 × 1600
5	主液压缸缸径 × 行程	mm	ϕ90/ϕ125 × 1600
6	油箱容积	L	600
7	出口直径	mm	150
8	电机功率	kW	90
9	水平输送距离	m	300（沙土）～500（水环法）

续上表

序号	名称	单位	参数
10	垂直输送距离	m	100（沙土）～150（水环法）
11	料斗容积	m^3	0.8
12	输送泥料含水率	—	30%～90%
13	搅拌功率	kW	7.5 × 2
14	上料高度	mm	1300
15	外形尺寸：长 × 宽 × 高	mm	泵送机构 5650 × 1500 × 2100，动力单元 3800 × 1350 × 1700
16	重量	kg	泵送机构 4000 + 动力单元 2500

图 12.7-1　连续输泥泵动力单元

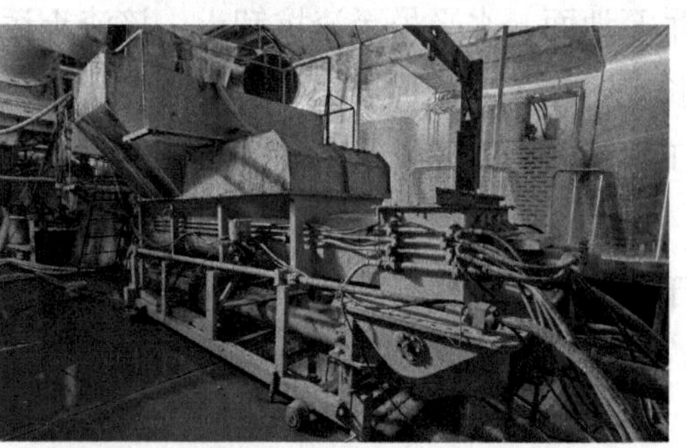

图 12.7-2　连续输泥泵泵送单元

图 12.7-3　连续输泥泵接力泵

图 12.7-4　连续输泥泵管路布置

图 12.7-5　输泥泵泵管润滑

12.7.4　使用效果

每套输泥泵租赁价格为 12万/月，含维保，无其他额外投入。

环屏路项目采用连续输泥泵出渣，平均每节管节顶进需 6h，其中纯顶进时间为 3h，管节拼装 3h，停机 1 次。

天津黑牛城道顶管隧道采用采用运输轨道 + 动力平板小车 + 土箱组合出渣，顶进一节平均耗时 12.5h，其中纯顶进时间为 2.5h，渣土运输需要耗费近 1h，同时每顶进一节需产生 13 斗渣土，需产生 26 次吊装，停开机 26 次。

采用连续输泥泵渣土输送方式提高施工工效约一倍，杜绝了吊装风险，文明施工程度高，降低施工风险和周边环境风险。

12.8 新型模板拉紧固定体系

12.8.1 适用范围

深基坑主体结构侧墙单面模混凝土浇筑加固体系。

12.8.2 成果简介

常规方法：根据在广州市轨道交通 7 号线二期土建工程，地铁深基坑车站主体结构侧墙厚度为 1.1m、0.9m、0.7m 等，侧墙一次浇筑的混凝土方量较大，且净高均超过 5m，同时涉及侧墙支模为单侧模等问题，常规方案采用满堂脚手架 + 斜撑进行支顶与加固，或采用“大钢模”方案，施工过程中满堂脚手架搭设时间长，后期拆除工作量大。“大钢模”方案受场地、支撑空间及自重影响，模板加固与定位时间较长，严重影响现场侧墙关模的施工进度，主体结构施工工期影响严重。

新方法：为了保证现场的施工质量及模板支撑体系的施工安全，同时加快主体结构侧墙施工进度，重点围绕如何确保侧墙模板支撑体系的刚度、强度是施工的重难点问题，项目部充分进行施工技术攻关、施工组织策划，研究决定采用“双拼工字钢 + 对拉螺纹杆”进行加固，并经专家审核论证进行实施，该方案受侧墙高度及厚度影响，部分需增加斜撑进行支顶，同时侧墙可与顶板脚手架同步实施，为今后类似工程施工提供了参考。

12.8.3 具体做法

根据侧墙厚度及高度，编制专项施工方案，并对侧墙模板支撑加固体系进行计算，明确相关材料类型、型号及布置间距，结合广州地铁 7 号线二期科丰路～萝岗区间中间风井主体结构侧墙情况，现场主要施工做法如下：

侧墙主体结构厚度 1.1m，采用单面模（15mm 厚木胶合板），次楞为 90mm × 90mm 方木，水平布置间距 200mm，主楞采用双拼 20a 工字钢，竖向布置间距 800mm。主楞通过上部地连墙植筋及地脚螺栓进行拉结，上部植筋及地脚螺栓采用直径 25mm 的 HRB400 钢筋加工，间距 800mm 与侧墙成 90°埋入先浇部分结构中，中间采用两道脚手架进行斜支撑，第一道斜支撑距模板底 2.5m，第二道斜支撑距模板底 3.5m，单次浇筑高度 5.4m，斜支撑的支顶布设根数及位置应根据方案计算进行确定（图 12.8-1～图 12.8-3）。

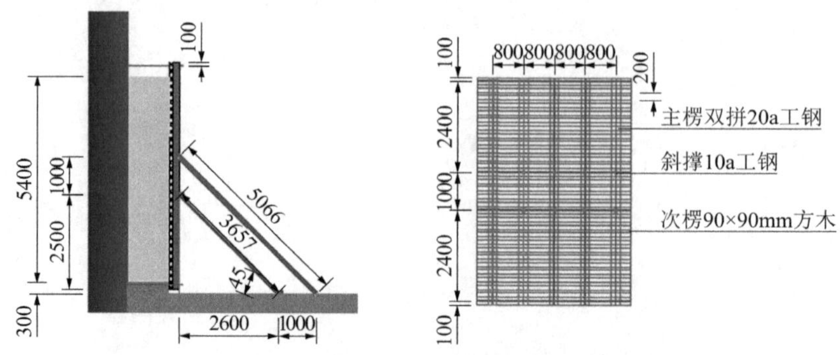

图 12.8-1　新型模板拉紧固定体系示意图（增加斜撑段）（尺寸单位：mm）

图 12.8-2　新型模板拉紧固定体系现场应用

图 12.8-3　新型模板拉紧固定体系中间增加斜撑

12.8.4　使用效果

该侧墙模板支撑体系简易，重量轻便，现场可操作性较强，安装便捷，不需要叉车及大型汽车式起重机等设备，施工进度显著提高，同时侧墙模板加固过程中，主体结构顶板满堂脚手架可同步实施，每段施工工效较原方案可提前约 5d。

12.8.5　改进方向

该工法整体工效提升较高，但后期侧墙混凝土浇筑需严格按照方案分层浇筑，严控浇筑高度，防止出现爆模现象，同时底部地脚螺杆可在底板浇筑矮边墙时进行预埋（不破坏防水层），上部采用植筋方案，需对防水板进行破坏，现场需对该处防水进行加强，对植筋螺纹杆采用“双面自粘防水卷材 + 遇水膨胀止水胶”进行防水处置，防止后期主体结构出现渗漏水现象。

12.9 提高二次结构填充墙施工工效方法

12.9.1 适用范围

二次结构填充墙施工。

12.9.2 成果简介

常规方法：由于二次结构填充墙一般都在建筑物内部施工，材料运输主要依靠人工二次搬运，劳动强度大；同时砌体结构设计及规范要求设置构造柱，传统工艺是砌体施工后再立模板浇筑构造柱，工序繁琐，效率低下，施工成本很高，基本二次结构填充墙均为亏损的工作内容。

新方法：推荐中铁一局钦州房建项目砌块的水平和垂直运输方式，以及二次结构构造柱免支模及砌体免开槽施工，能够大大降低劳动强度，提高施工效率，降低施工成本。

12.9.3 具体做法

（1）砌块水平运输

在砌筑砖块倒运过程中，研发新型运砖小推车，提高了砌筑施工效率，节约了施工成本（图 12.9-1～图 12.9-3）。

图 12.9-1　传统运砖小车

图 12.9-2　改良后运砖小车

图 12.9-3　改良后运砖小车

（2）砌块垂直运输

改变传统垂直运输方式，研究使用砌体电动垂直运输机代替传统人工传递，提高了施工生产效率，减少了高空作业施工风险，解决了砌体施工材料垂直运输困难等问题（图 12.9-4～图 12.9-6）。

图 12.9-4　传统运输方法

图 12.9-5　垂直运输做法

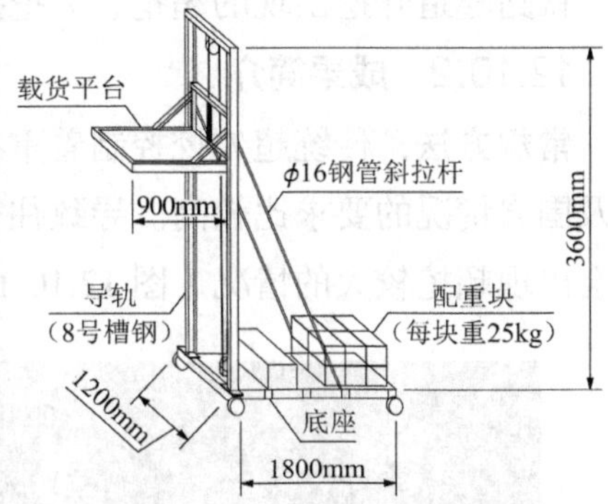

图 12.9-6　垂直运输工具示意图

（3）二次结构构造柱免支模

U 形砌块采用专业加工机械加工，可满足构造柱结构强度要求，应用 U 形砌块同时施工构造柱与二次结构砌体，省去了构造柱支拆工序，一次浇筑成型，解决了传统构造柱施工质量通病，提高了作业效率，节约了施工成本（图 12.9-7～图 12.9-9）。

图 12.9-7　传统构造柱施工

图 12.9-8　免支模构造柱施工

图 12.9-9　U 形混凝土砌块加工机械

12.9.4　使用效果

通过以上技术以及设备工具的应用，大大提高二次结构填充墙的施工效率，降低施工成本。

12.10　隧道超欠挖控制新方法

12.10.1　适用范围

铁路隧道开挖出现的超挖、欠挖控制。

12.10.2　成果简介

常规方法：传统超欠挖控制着重在一次完成，不允许欠挖，对作业工人水平、责任心以及围岩情况的要求比较高。导致往往投入很大精力，收获的效果甚微，往往为了避免欠挖会出现超挖较大的情况（图 12.10-1）。

图 12.10-1　常规方法局部超挖较大

新方法：打破常规思维，允许开挖爆破作业出现少量欠挖，再用铣挖机对欠挖部位进行修整，使净空满足要求，从而达到平均线性超挖在 10cm（图 12.10-2）。

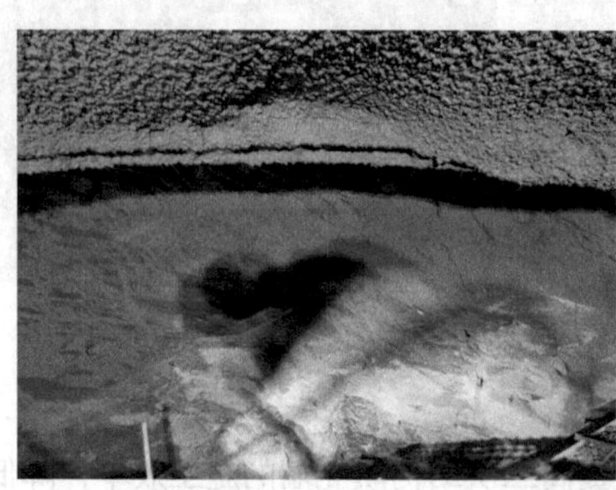

图 12.10-2　放点适当内收，铣刨机处理欠挖

12.10.3　具体做法

（1）按照设计理论值进行周边眼放样，经 3～5 个循环后，综合分析总结围岩变形及超欠挖规律，放样时钻孔孔位适当内收实行 3～5 个循环，允许隧道局部欠挖，再用铣挖机对欠挖部位进行修整，使净空满足要求。欠挖面积不宜过大，否则影响循环时间得不偿失。

（2）岩体完整性和岩石强度及欠挖面积等指标会直接影响刨铣机工作时间，进而影响循环时间，故允许欠挖的程度以每循环刨铣机工作 20min 为宜，最长不超过 30min。

（3）重复上述步骤，每 3～5 个循环总结分析一次，然后做一次放样数据调整。因围岩连续多变，重点以上一循环超欠挖数据总结分析为准，如上循环超欠挖少，平整度也好，即可继续沿用上一循环放样数据。

（4）在安徽南部地区使用显示，洞身围岩为板岩效果好，Ⅲ、Ⅳ、Ⅴ级围岩均可，也适用于初期支护 C25 喷射混凝土欠挖处理，一台铣刨机可两个掌子面共用，机械利用率高。放样钻孔孔位内收根据围岩情况适时调整，最常见内收尺寸为Ⅲ级围岩 10cm、Ⅳ级围岩 10cm、Ⅴ级围岩 15cm。

（5）本次试点在昌景黄铁路，位于安徽省南部地区，洞身围岩单一，数据较片面，实际施工应根据围岩等情况做调整。

12.10.4　使用效果

铣刨机可采用挖机改造，一套总成本约 100万元。按照集团公司平均超挖 15cm，该控制办法控制为 10cm，隧道每延米可节约混凝土约 $2m^3$，每公里可节约混凝土 $2000m^3$，混凝土单价按照 600 元/m^3 计算，每公里节约混凝土金额约为 120万元（图 12.10-3）。

图 12.10-3　局部欠挖铣刨效果

12.10.5　改进方向

可在铣刨头位置增加喷淋设备，减少施工过程中的扬尘，提高隧道内空气质量。

12.11 隧道中心水沟圆盘切割法

12.11.1 适用范围

II级围岩占比较高的长大隧道。

12.11.2 成果简介

常规方法：传统工艺是底板带中心水沟整体爆破，开挖会将中心水沟爆破成漏斗形，虽然节约开挖时间，但超挖十分严重，造成额外的混凝土浪费，同时爆破法施工安全风险大。

新方法：项目部在市场调研后，决定采用无仰拱段中心水沟切割工法进行施工，既保证工程施工的进度与质量，也能控制超挖，节约成本（图 12.11-1）。

图 12.11-1 无仰拱段中心水沟切割工法

12.11.3 具体做法

测量组根据水沟结构尺寸边线外扩 10cm，在已浇筑的混凝土垫层上采用全站仪放点，按照 60m 一段，水沟两侧每 5m 放一个点并用红油漆标识，测量放样出每个点的位置和高程，由此开展水沟切割工作。水沟切割采用切割机，切割机为自动轨道行走模式，施工班组严格按照测量点进行钢轨安装，每次双侧安装 60m 钢轨，钢轨安装需固定稳固，安装现场指派人员盯控，待钢轨安装完毕后，采用挖掘机将切割机吊放至钢轨上，接通水电，按照施工放样点计算的深度进行切割。水沟两侧切割深度为 85cm，宽度为 1cm 的缝隙，对切缝之间岩体进行开挖，采用破碎锤机械开挖，完成后采用挖掘机和运渣车辆进场出渣（图 12.11-2～图 12.11-4）。

图 12.11-2 中心水沟测量放样

图 12.11-3 中心水沟切割

图 12.11-4　切割后中心水沟机械开挖

12.11.4　使用效果

自无仰拱段切割中心水沟后，有利于中心水沟成型控制，底板混凝土每延米节约 0.836m^3，极大减少混凝土超挖回填；其次中心水沟单独切割后，掌子面及底板同步开挖，无需顾及中心水沟施工进度，底板施工进度可明显提升，有利于项目施工进度。

12.11.5　改进方向

（1）切割机行走自动化程度不高

市场上使用的切割机每次只能在水沟单侧自动前后移动切割，切水沟另一侧时，需重新铺设双轨道并采用起重机将切割机调运至轨道上，存在倒运频繁、影响洞内车辆通行的问题。

具体改进方向：对切割机自动行走系统进行升级，增加了左右横向移动功能，施工时无需左右倒运切割机，只需铺设 3 条轨道就能达成切割水沟两侧的目的，既加快了施工进度也解决了洞内车辆通行问题。

（2）加装吊装装置

需要借助起重机频繁吊装更换锯片，对施工进度和成本产生一定影响。

切割机加装小型随车吊，在不需借助起重机的情况下独立完成锯片和其他零部件的吊装工作。

12.12　墩柱钢筋笼整体吊装

12.12.1　适用范围

墩柱钢筋绑扎及安装过程。

12.12.2　成果简介

常规方法：目前国内墩柱钢筋绑扎大部分采用盘扣式脚手架搭设操作平台，钢筋半成品后台制作现场绑扎方式，存在施工周期长、钢筋间距控制难度大、渐变段现场焊接困难、安全风险高等问题（图 12.12-1）。

图 12.12-1　墩柱钢筋绑扎

新方法：墩身钢筋在整体绑扎区域内专用胎具上绑扎成形，整体运至施工现场后，利用履带式起重机整体吊装，缆风绳固定方式进行，降低施工风险，加快施工效率。

12.12.3　具体做法

（1）钢筋在规划的整体绑扎区域内专用胎具上进行绑扎，胎架每隔 1m 设置一处纵向钢筋定位装置，胎架斜撑采取卡扣式，待钢筋绑扎完成，松开卡扣即可放下竖向支撑，即可起吊钢筋，底部钢筋绑扎过程采用特制的限位胎具，用于钢筋的精确定位，底部墩身相邻钢筋长度大于 35*d*（*d*为钢筋直径），且不小于 50cm，墩柱钢筋整体成形（图 12.12-2 和图 12.12-3）。

图 12.12-2　墩身钢筋绑扎胎架

图 12.12-3　墩身钢筋底口限位胎架

（2）采用钢丝绳作为吊装吊具，墩身钢筋设置加强箍筋，每 2m 一道，顶部加强箍筋与墩身主筋焊接相连，并于加强箍筋上设置 4 个吊点，墩身钢筋下部设置 2 个吊点，起吊过程中，由起重机大小勾同时起吊墩身钢筋，并人工拉缆风绳，起吊过程中逐步松小勾，使得墩身逐渐垂直于地面，然后将墩身钢筋吊装至指定位置进行下一步操作，墩身钢筋吊装至指定位置后，调整部分偏移钢筋，并通过缆风绳调整钢筋垂直度，将缆风绳进行绑扎到牢固基础上，达到要求后将缆风绳进行固定。缆风绳在墩柱钢筋四个方向对拉八字缆风绳布设，地锚设置在桥墩中心 12m 以外，缆风绳与地面夹角 45°～60°。缆风绳锚固装置采用混凝土块，缆风绳固定混凝土块锁口上，通过收集器固定各方向缆风绳，同时保证各方向受力均匀（图 12.12-4）。

图 12.12-4　墩柱钢筋运输及安放

12.12.4　使用效果

（1）施工时间周期降低。盘扣式脚手架安装前需要地基加固、现场脚手架搭设，现场绑扎钢筋，需要 10～13d，现在钢筋后台整体绑扎，现场整体吊装仅需 3～4d，节省近一个星期的时间。

（2）施工质量提高。采用胎架整体绑扎使墩柱钢筋间距、焊接质量得到提升，降低了施工难度。

（3）施工安全风险降低。现施工作业采用后台整体制作无需高处作业，降低了施工风险。

12.13　桥梁湿接缝移动吊模

12.13.1　适用范围

公路桥梁预制 T 梁、箱梁湿接缝模板安装。

12.13.2　成果简介

常规方法：人工采用绳索吊装模板，作业劳动强度大，模板安装时需人工实时提拉绳索控制模板调整安装位置准确度，模板安装及调整仅凭人工完成，且人员需通过湿接缝上下安、拆模板，存在高坠风险。

新方法：采用手推车安装电机＋钢丝绳吊装装置，可快速、省力安装模板，无需人员上下湿接缝进行模板安装拆除。手推车可同时作为吊装支架和电机等装置移动载体。手推车两侧设置三角支撑，在作业时与车轮形成吊装支架，保证吊装稳定及安全性。进行其他湿接缝模板安装时可快速整体行走移动，在避免人工搬运电机等装置的同时可快速到达指定位置，减少作业强度可实现高效施工（图 12.13-1）。

图 12.13-1　手推车

12.13.3　具体做法

利用轮式行走机构＋方钢架体＋多功能提升机＋钢丝绳及挂钩，制成模板快速安装工具（图 12.13-2～图 12.13-5）。

（1）行走部分：行走部分采用小车轮式行走，车轮直径 656mm。

（2）架体部分：架体采用 40mm × 40mm 方钢＋角铁焊接制作，适用于多种场地施工，且焊接面增大，刚度加强，稳定性好。

（3）多功能电动提升机：使用多功能电动提升机，适用于多种尺寸模板、多种提升高度，点动式按钮适合现场操作，容错率高。

（4）连接部分：使用 8mm12 芯钢丝绳＋吊钩及防脱钩装置作为模板的吊装连接部分，

固定性好，钢丝绳轻便且安全系数高。

图 12.13-2　轮式行走机构

图 12.13-3　方钢 + 角铁架体

图 12.13-4　多功能电动提升机

图 12.13-5　钢丝绳 + 防脱钩装置

12.13.4　使用效果

（1）采用手推车式模板提升装置安装桥梁湿接缝模板，仅需使用吊钩系挂模板吊点，人员操作按钮即可提升、定位，较往期人工提升模板操作简便快捷、施工效率高、劳动强度低，且人员无需通过湿接缝上下固定模板，从源头上消除高坠风险。

（2）每套模板快速安装工具，材料费 + 制作费用为每套 3000 元；以墩高 50m 的桥梁为例，人力节约为平均每跨 4 个工日，按照 200 元/工日，平均每百跨预制梁湿接缝可节约 8～10万元（含人工、设备租赁等费用），整体经济效益显著。

12.14 桥梁附属移动式悬臂起重机

12.14.1 适用范围

桥梁预制遮板安装作业。

12.14.2 成果简介

常规方法：由于出入段线桥梁断面小、临近既有线，无法使用叉车进行安装，只能采用汽车式起重机将遮板吊至桥梁边缘进行安装。出入段线桥梁临近既有正在运营线路，吊装遮板时，通过对讲机进行指挥作业，具有一定的盲区和不准确性，可能发生侵线，难以确保吊装作业安全（图 12.14-1）。

图 12.14-1 汽车式起重机

新方法：定做移动式悬臂起重机替代汽车式起重机用于出入段线桥梁遮板挂设，其主要由立柱、移动底座、回转臂回转驱动装置及电动葫芦组成，立柱下端通过地脚螺栓固定在移动底座上，其起重量达到 500kg，满足现场施工要求，并且具有体积小、灵活机动、适应性广、提升挂设效率、节约成本等特点（图 12.14-2）。

图 12.14-2 移动式悬臂起重机

12.14.3　具体做法

购置移动式悬臂起重机，采用汽车式起重机将其吊运至桥面进行组装调试，按方案要求增加防倾覆配重。再将预制好的遮板吊运至桥面依次摆放，每台设备由 3～4 名作业人员操作。其具有灵活机动、适应性广的特点，是复杂环境下桥梁遮板安装必备的单独吊装设备，大幅提高了安装效率。

（1）根据现场桥梁作业环境及预制遮板安装要求，由厂家出具移动式悬臂起重机设计图，经受力验算，生产出适合现场实际的悬臂起重机。

（2）每台设备安排 1 人负责悬臂起重机的移动与固定，1 人负责回转臂的转动并控制电动葫芦，另 1 人负责预制遮板的起吊与安装就位。实现了多人、多台次同时施工，为后续施工提供了工作面。

（3）每台移动式悬臂吊所需的电源为直流 380V，通过电源线将其与配电箱电源连接。

12.14.4　使用效果

该项目设计预制遮板安装为 3158 块，与常规安装方式方法相比，采用移动式悬臂起重机安装遮板，在保证安全质量及工期的同时，也降低了施工成本的投入。

进度方面：移动式悬臂起重机安装进度为 29 块/台班，相比汽车式起重机 14 块/台班的安装速度，每个台班多安装 15 块，为竖墙施工及时提供了工作面，降低了工期压力。

成本方面：移动式悬臂起重机，购买价格 1.1万/台，无其他额外投入，相比汽车式起重机租金 2.9万/月，每月节约 1.8万/月，结合功效的提高，共节成本约 20万元。

保证邻近既有线施工作业安全，移动式悬臂起重机为复杂施工条件下进行桥梁预制遮板安装作业提供了一个很好的借鉴。

12.14.5　改进方向

（1）若在无安全防护的桥梁临边进行高处作业时，可将悬臂起重机进行改装，经过受力验算后在吊臂端头安装吊篮作为人员操作平台。

（2）可在悬臂起重机行走轮上设置制动装置代替人工设置防溜楔子，确保施工方便、安全。

12.15　混凝土泵送润管剂代替混凝土砂浆

12.15.1　适用范围

所有在建项目，地泵及汽车泵均可使用此类产品。

12.15.2　成果简介

常规方法：第一车混凝土在泵送时，由于混凝土本身的黏聚性，会使得混凝土中水泥和水所形成的凝胶材料，粘贴在泵管的管道内壁，从而影响混凝土的质量，同时也会让混凝土在泵管内所受阻力更大，影响施工效率，有的时候还会引发堵管问题。

传常规方法解决方法是，在泵车进行正式泵送混凝土作业之前，需要 1～2m^3 与所泵送混凝土相同凝胶比的砂浆来润管，以此来减少泵管内壁对于混凝土的阻力，提高泵送效率。

大部分时候砂浆的运输并不是单独进行的，很多时候是跟着混凝土一起运输到施工现场。假如搅拌车是 12m^3 的搅拌罐，只打 11m^3 的混凝土，留下 1m^3 用来装砂浆，并且这还要求搅拌车在运输过程中不能转罐，这会导致混凝土和砂浆混合到一起，影响混凝土的质量即便是搅拌车不转动搅拌罐，也会导致大量的砂浆跟混凝土混合，导致第一车混凝土的强度降低，对于工程质量当然也会有一定的影响。过去几十年来，全国各地预拌混凝土行业一直采用水和砂浆对混凝土输送泵进行润管，结既不经济、造成混凝土超耗也不符合低碳环保及节能减排的观念。

新方法：在深入调查并得到混凝土拌和站和试验室的同意后，拟采用高效混凝土泵车润管剂（图 12.15-1）。泵车润管剂产品适用于泵送混凝土及各种干粉砂浆现场泵管的润泵。它对各种强度等级混凝土适应性良好，完全取代了各种泵管的润泵砂浆。可避免造成混凝土泵及现场砂浆泵的堵泵事故，减少运输车辆，提高设备使用率，降低了预拌混凝土及预拌干粉砂浆使用企业的使用成本。使用泵车润管剂产品省时、省力、省心，是一种全新的泵送施工新工艺。

图 12.15-1　润管剂

12.15.3　具体做法

（1）在混凝土泵送施工前，先按要求用量取洁净溶解水倒入容器内，然后缓慢加入泵车润管剂，边加入边搅拌至全部溶解，然后静置 3～5min，再次搅拌即可使用。在使用车泵泵送混凝土时，将配制好的润管剂溶液沿泵车料斗内壁缓慢倒入料斗内，然后开始缓慢向料斗中投放混凝土，在混凝土覆盖住输送泵进料口后，即可开始加压泵送混凝土及预拌砂浆，使用地泵及砂浆泵送设备时方法相同。

（2）使用原理：泵车所用的润管剂主要由成分为聚丙烯酰胺，它是由丙烯酰胺单体聚合而成的水溶性线性高分子聚合物，通常为白色粉状固体，常温下能够快速溶解于水中形成黏稠状液体。由于聚丙烯酰胺结构单元中含有酰胺基、易形成氢键、使其具有良好的水溶性和很高的化学活性，易通过接枝或交联得到支链或网状结构，具有极强的絮凝作用。

在其浓度较高时，溶液中存在大量的链接触点，使得聚丙烯酰胺溶液呈凝胶状，这种凝胶状液体是由无数微型阴离子组成的润滑薄膜，可以用来润滑泵管内壁，有效降低管壁对混凝土阻力的 50%～70%以上，相比较传统砂浆，润管效果更好（图 12.15-2）。

图 12.15-2　润管剂的使用

聚丙烯酰胺的分子量从数千到数百万以上沿键状分子有若干官能基团，在水中可大部分电离，属于高分子电解质。根据它可离解基团的特性分为阴离子型（如—COOH，—SO_3H，—OSO_3H 等）阳离子型（如—NH_3OH，—NH_2OH，—$CONH_3OH$）和非离子型，易溶于水，几乎不溶于苯，乙醚、酯类、丙酮等一般有机溶剂，其水溶液几近透明的黏稠液体，属非危险品，无毒、无腐蚀性。

12.15.4　使用效果

自混凝土泵送润管剂投入使用以来，项目节约砂浆使用百余立方米，产生直接经济价值约 7万元，至项目结束，预计累计产生直接经济价值约 20万元。

12.16 混凝土预制板块道路

12.16.1 适用范围

所有在建项目。

12.16.2 成果简介

常规方法：混凝土钢筋路面。

新方法：为避免影响路面交通，用多个预制板铺设成临时道路，预制混凝土道路板安装便捷，通过若干道路板本体拼接，再进行道路基层处理，对施工场地需要硬化的地面进行平整夯实，素土夯实后铺一定厚度碎石或矿渣进行找平，同时进行预制混凝土道路板块的划分和生产，生产完成后并吊装（图 12.16-1）。

12.16.3 具体做法

混凝土预制板块道路板本体顶部四周边缘和侧面四个角部均设置有护边角钢，道路板本体顶上设置有四个以上的吊装孔，外观尺寸长 2.5m × 1.5m，内配置 16 根 8cm × 10 根 8cm，间距不大于 150mm，造价约 1000 元（图 12.16-2 和图 12.16-3）。

图 12.16-1 预制板铺设

图 12.16-2 侧面四个角部均设置有护边角钢且设置四个吊装孔

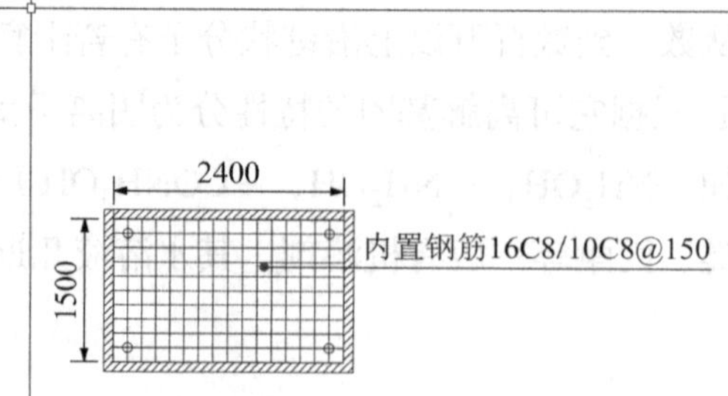

图 12.16-3 预制盖板细部及配筋图（尺寸单位：mm）

12.16.4 使用效果

可以快速形成临时道路，并可以快速修复破损路段，方便正常通行及作业运输，节省施工时间，同时由于预制道路板可周转使用，减少建筑垃圾的产生，达到节能环保的要求。

提供一种安装方便、节约能源、节约成本的预制混凝土道路板，有利于推动绿色施工管理，能够降低对环境的负面影响。

12.16.5　改进方向

通过改变护边角钢的形状、材质、安装方式，最大限度发挥混凝土预制板块的使用用途，满足现场施工需要；通过钢筋废料、调整钢筋间距的方式做到节约资源，保证制作材料来源的多样性。

12.17 施工现场照明手机控制系统

12.17.1 适用范围

施工现场大功率照明场所。

12.17.2 成果简介

常规方法：施工现场大面积照明，采用时间控制器控制。设置好照明时间段后，通过设置好时间控制器的开闭来控制照明灯。由于现场施工的不确定因素较多，对照明灯具的及时控制，较难以完成。除非安排专人值守进行操作。

新方法：在控制箱内安装手机 App 控制器，通过连接手机 App，可以在手机上控制照明灯的开启。该控制器可以设置 20 组时间段控制，可以充分考虑现场使用时间段。最直接的是通过手机控制后，设置关闭时间。通过 App 控制器直接控制照明灯具的开启，达到最少使用照明灯的目的，减少用电量，节约成本（图 12.17-1）。

图 12.17-1 控制箱

12.17.3 具体做法

采购 App 控制开关，安装在照明配电箱内，通过手机扫码控制器上的二维码，连接好后直接在手机上进行设置时间，直接控制 App 控制器（图 12.17-2～图 12.17-4）。

图 12.17-2 手机 App 控制器

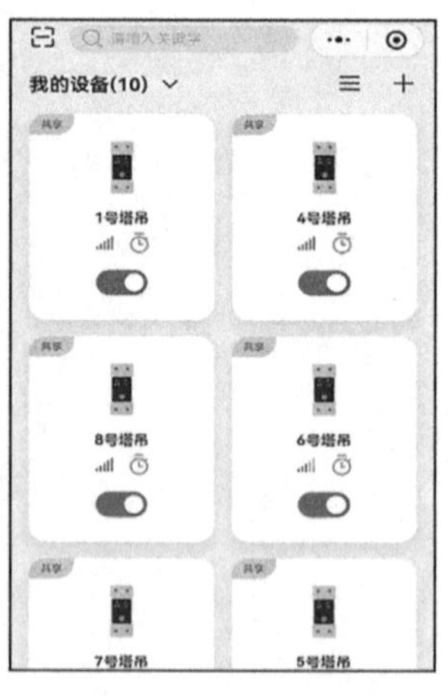

图 12.17-3 App 操作界面

图 12.17-4 时间设置、控制

12.17.4 使用效果

按照每台塔式起重机大灯照明 8kW 功率计算，10 台塔式起重机合计 80kW/h，现在每天较以前少使用 6h 左右，一个月节约电费约 1.22万元。2022 年上半年节约电费费用约 7.35万元，照明用电量成本节约对比见表 12.17-1。

表 12.17-1　照明用电量成本节约对比

序列	控制方式	塔式起重机大灯功率（kW）	大灯数量	塔式起重机数量	控制时间段	每天使用时间（h）	每月费用（元）	使用月数	电量（度）	单价（元）	合计费用（元）
1	采用常规时间控制器	2	4	10	19:00—6:00	11	19272	6	158400	0.73	115632
2	手机 App 控制时间	2	4	10	19:00—23:00	4	7008	6	57600	0.73	42048
3	费用节约（元）						12264		100800		73584

楼层未使用 App 前，由于施工的不确定性，只能采用 24h 照明，采用 App 后，提供白天正常上班时间段照明后，晚间及时关闭，个别楼层需要施工的，在手机上进行开关控制。通过该项措施，2022 年上半年节约照明电费约 2.61万元，楼层照明用电量成本节约对比见表 12.17-2。

表 12.17-2　楼层照明用电量成本节约对比

序列	控制方式	每层楼道灯功率（kW）	楼层数量	楼栋数量	控制时间段	每天使用时间（h）	每月费用（元）	使用月数	电量（度）	单价（元）	合计费用（元）
1	采用常规时间控制器	0.045	23	16	12:00—12:00	24	8703.9	6	71539.2	0.73	52223.62
2	手机 App 控制时间	0.045	23	16	6:00—18:00	12	4352	6	35769.6	0.73	26111.81
3	费用节约（元）						4352		35769.6		26111.81

12.17.5　改进方向

（1）增加预警功能

将预警功能通过指示灯、警报等方式运用在控制系统中，操作人员可以更加直观地确认照明的工作状态，同时方便电工人员巡查，快速确认照明系统的实时情况。

（2）优化信号接收功能

目前，App 控制器受外界因素影响，信号接收较弱，因此通过与商家联系，深化 App 控制器的信号接收功能，增加信号接收范围、信号抗干扰能力，更好地方便现场安全用电管理，实现项目的节约创效。

12.18 钢筋加工棚棚顶设置

12.18.1 适用范围

适用于城市繁华区域地铁建设加工厂棚设置，适用性强，外形美观、封闭性好、场地利用率及安全性能较高。

12.18.2 成果简介

常规方法：目前成都市场市政建设加工厂棚设置标准不一，有的厂棚价格高昂，有的又过于简陋低廉，与区域环境不协调匹配。部分加工棚内设置独立轨道门式起重机进行材料吊运，在主城区场地狭小的环境里，空间利用率不高。还有部分简易厂棚，通过移动棚体，提供材料吊运空间，频繁移动棚架，费时费力，工作效率较低（图 12.18-1 和图 12.18-2）。

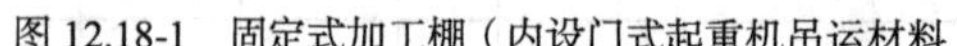
图 12.18-1 固定式加工棚（内设门式起重机吊运材料）

图 12.18-2 临时可移动加工棚

新方法：施工现场设置标准化钢筋加工棚，为合理利用空间，使用重型立柱，并在立柱上方设置行吊起重机轨道，安装两台行吊起重机用于材料吊运。在加工棚端头位置，预留材料吊装口，有利于进场钢筋材料吊卸。有效利用空间，节约成本，提高工作效率（图 12.18-3）。

图 12.18-3 标准化钢筋加工棚

12.18.3　具体做法

根据场地平面布置，加工厂棚为总长度约 60m，宽约 17m 重钢结构。顶棚采用红色波纹铁板和透明塑钢瓦相结合，满足厂棚白天采光需求。加工棚内划分加工区、半成品堆放区、成品堆放区，分区域安装钢筋加工设备，有序组织流水化作业。加工棚端头顶部预留两跨约 10m 的吊装口，方便转运材料；加工厂棚内部配置 2 台 10t 行吊起重机，同步设置了检修平台。用于材料吊装和装卸车，极大程度提高了工作效率（图 12.18-4 和图 12.18-5）。

图 12.18-4　钢筋加工棚预留材料吊运口

图 12.18-5　钢筋加工棚安装行吊起重机

12.18.4　使用效果

该钢筋加工棚棚顶使用波纹铁板和透明塑钢瓦相结合的方式，有利于白天采光。顶部设置两台行吊起重机用于材料吊运，解决了以往设置单独轨道门式起重机占用多余空间的问题。既节约了成本，又解决了材料吊运不便的问题。端头预留材料装卸区，方便进场材料吊卸，合理布置场地，提高工作效率及施工组织水平。

12.18.5　改进方向

持续总结施工过程中的有利经验，在加工、存放、运输等方面持续改进，使得生产工序趋于流水化作业，节约工效，提高生产能力，节约时间成本。